普通高等教育“十三五”规划教材

传感器技术与应用

主　编　罗锋华　程　豪　曾绍平

副主编　郝君君　吴丰华　赖武军　林　媚

電子工業出版社

Publishing House of Electronics Industry

北京·BEIJING

内 容 简 介

本书主要介绍了工业和生活中常用的传感器的工作原理、基本结构、测量电路与实际应用等方面的知识，并介绍了在传感器中经常用到的弹性敏感元件的知识。

本书共分 8 章，主要内容包括：传感器的定义及组成、电阻式传感器、电容式传感器、电感式传感器、温度传感器、电动势式传感器、光电式传感器和数字式传感器。

本书可作为高等职业院校机电一体化、电气自动化等专业的教材，也可作为成人教育、职业培训的教材，还可作为企业生产技术管理人员及其他相关技术人员参考使用。

图书在版编目（CIP）数据

传感器技术与应用 / 罗锋华，程豪，曾绍平主编. —北京：电子工业出版社，2019.9

ISBN 978-7-121-36489-1

Ⅰ. ①传… Ⅱ. ①罗… ②程… ③曾… Ⅲ. ①传感器－高等职业教育－教材 Ⅳ. ①TP212

中国版本图书馆 CIP 数据核字（2019）第 089254 号

责任编辑：胡辛征　　特约编辑：田学清
印　　刷：北京盛通商印快线网络科技有限公司
装　　订：北京盛通商印快线网络科技有限公司
出版发行：电子工业出版社
　　　　　北京市海淀区万寿路 173 信箱　邮编：100036
开　　本：787×1092　1/16　印张：9.5　字数：188 千字
版　　次：2019 年 9 月第 1 版
印　　次：2022 年 8 月第 2 次印刷
定　　价：38.00 元

凡所购买电子工业出版社图书有缺损问题，请向购买书店调换。若书店售缺，请与本社发行部联系，联系及邮购电话：（010）88254888，88258888。

质量投诉请发邮件至 zlts@phei.com.cn，盗版侵权举报请发邮件至 dbqq@phei.com.cn。

本书咨询联系方式：guonm@phei.com.cn，QQ34825072。

前　　言

传感器技术作为现代信息技术三大支柱之一，是一种将各种外界信息转换成电信号的装置，可以获取传统仪表难以获取的信息，是自动检测技术中重要的一环，在工业生产、科学研究、日常生活等领域有着至关重要的作用。

本书作为高等职业院校机电类专业“传感器技术应用”课程教材，主要介绍了工业和生活中常用的传感器的工作原理、基本结构、测量电路与实际应用等方面的知识，并介绍了在传感器中经常用到的弹性敏感元件的知识。本书力图使学生掌握各种传感器的工作原理、结构类型、参数特性和测量电路等知识，以及了解各种传感器的实际应用。本书把工业生活中常见的电阻式、电容式、电感式、电动势式、光电式、数字式和温度传感器进行了详细分析讲解，有利于学生对知识的掌握。

本书共分 8 章。第 1 章讲述了传感器基础知识，以及弹性敏感元件的知识；第 2 章至第 8 章分类介绍了电阻式传感器、电容式传感器、电感式传感器、温度传感器、电动势式传感器、光电式传感器和数字式传感器用于测量力、压力、位移、加速度、温度、厚度、转速、磁场等物理量。着重介绍了各类传感器的工作原理和结构类型以及相应的测量电路，最后列举了每种传感器的实际应用。

本书由罗锋华、程豪、曾绍平担任主编，郝君君、吴丰华、赖武军、林媚担任副主编。罗锋华编写第 2 章、第 3 章和第 4 章，程豪编写第 5 章、第 6 章和第 7 章，郝君君编写第 8 章，吴丰华编写第 1 章，曾绍平、赖武军、林媚参与了本书部分内容的编写，在此一并表示感谢。

由于水平有限，书中难免存在错误和缺点，敬请广大读者批评指正。

编者

目　　录

chapter 1

第 1 章　认识传感器

1.1　传感器的定义、组成及分类

计算机技术、通信技术和传感器技术一起被称为现代信息技术的三大支柱，人们通常把计算机比喻成人的大脑，把通信线路比喻成人的神经，把传感器比喻成人的感觉器官。如果没有各种精确、可靠的传感器来检测需要被测量的原始数据并提供真实的信息，即使是性能很优越的计算机，也无法发挥其作用。

1.1.1　传感器的定义

从广义上来讲，传感器是一种能够感受外界信息，并按照一定规律将这些信息转换成可用输出信号的器件或装置。这一概念包含了以下 3 个方面的含义。

（1）传感器是一种能够完成获取外界信息任务的装置。

（2）传感器的输入量通常指非电量，如物理量、化学量和生物量等；输出量则指便于传输、转换、处理和显示的物理量，主要是电信号。例如：电阻式传感器的输入量可以是力、位移、速度、加速度等非电量信号；输出量则是电压信号。

（3）传感器的输出量和输入量之间精确地保持一定的规律。

1.1.2 传感器的组成

传感器一般由敏感元件、转换元件和转换电路 3 部分组成，传感器组成框图如图 1.1 所示。

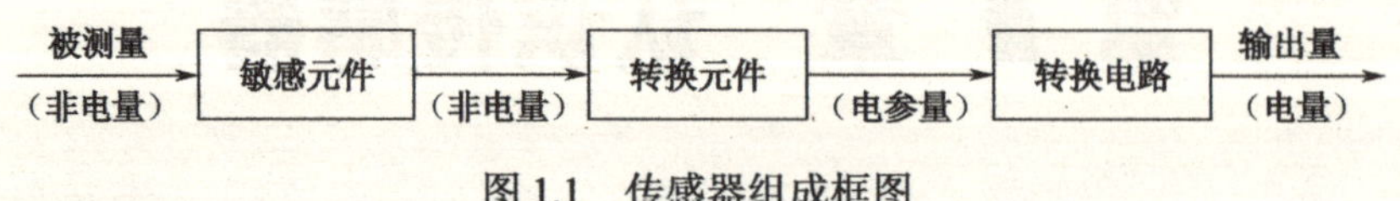

图 1.1 传感器组成框图

1. 敏感元件

敏感元件是传感器中能够直接感受被测量的部分，它先感受被测量，然后输出与被测量呈一定关系的某一物理量。例如，电阻应变式传感器中的弹性敏感元件将被测力的大小转换为应变，且力的大小与应变之间保持一定的函数关系。

2. 转换元件

转换元件是传感器中将敏感元件的输出量转换为便于传输和测量的电参量的部分，这里的电参量通常是指电阻、电容和电感等。例如，电阻应变式传感器中的电阻应变片将应变转换为电阻的变化。

3. 转换电路

转换电路可以将转换元件输出的电参量转换为便于测量的电压、电流、频率等电量。例如，电阻应变式传感器的测量电路直流电桥将电阻应变片的电阻变化转换为输出电压的变化。

值得注意的是，并不是所有的传感器都包含敏感元件和转换元件。如果敏感元件可以直接输出电参量，那么它就兼为转换元件，如热电偶；如果转换元件可以直接感受被测量，且输出的电量与之呈一定的关系，则此时的传感器就没有敏感元件，如压电元件。

1.1.3 传感器的分类

传感器的种类繁多，分类方法也不尽相同，常用的分类方法有以下 4 种。

1. 按被测物理量分类

传感器按被测物理量可分为力传感器、压力传感器、位移传感器、加速度传感器、温度传感器、湿度传感器、磁场传感器、光照度传感器等。这种分类方法表明了传感器的用途，便于使用者选用。例如，温度传感器用于检测温度。

2．按工作原理分类

传感器按工作原理可分为电阻式传感器、电容式传感器、电感式传感器、压电式传感器、磁电式传感器等。这种分类方法表明了传感器的工作原理，有利于传感器的设计和应用。例如，电感式传感器就是将被测量转换为电感量的变化。

3．按转换能量供给形式分类

传感器按转换能量供给形式可分为能量变换型（也称发电型）传感器和能量控制型（也称参量型）传感器两种。

能量变换型传感器在进行信号转换时不需要外部提供能量就可以将输入信号能量转换为另一种形式的能量输出，如压电式传感器、热电偶传感器等。

能量控制型传感器必须有外加电源才能正常工作，如电阻式传感器、电容式传感器、电感式传感器、光电式传感器等。

4．按工作机理分类

传感器按工作机理可分为结构型传感器和物性型传感器两种。

结构型传感器的工作原理是，被测量变化时引起了传感器的结构发生改变，从而引起输出量变化。例如，电容式压力传感器就属于结构型传感器，当外加压力变化时，电容极板产生位移，结构改变从而引起电容量变化，输出电压也相应发生变化。

物性型传感器是利用物质的物理或化学特性随被测参数变化而变化的原理制成的，一般没有可动结构，易于小型化，如各种半导体式传感器。

1.2 传感器的基本特性

传感器的基本特性是指传感器的输出量与输入量之间的关系。当传感器的输入量不随时间变化而变化或变化极其缓慢时，这一关系被称作静态特性；当传感器的输入量随时间变化而变化时，这一关系被称作动态特性。传感器动态特性的研究方法与自动控制理论中被控对象的动态特性研究方法相似，本书不做介绍，下面仅介绍传感器静态特性的一些性能指标。

传感器的静态特性是指传感器的输入信号处于稳定状态时，其输出量与输入量之间呈现的关系，表示为

$$y = a_0 + a_1 x + a_2 x^2 + \cdots + a_n x^n \tag{1.1}$$

式中，y——传感器输出量；

x——传感器输入量；

a_0——传感器的零位输出；

a_1——传感器的灵敏度；

$a_2,a_3,\cdots,a_n$——非线性项系数。

衡量静态特性的主要性能指标有灵敏度、线性度、迟滞、精确度、稳定性和可靠性等。

1．灵敏度

灵敏度 S 是指传感器在稳态下的输出变化量 Δy 与输入变化量 Δx 的比值，即

$$S=\frac{\Delta y}{\Delta x}\approx\frac{\mathrm{d}y}{\mathrm{d}x} \tag{1.2}$$

从传感器静态特性曲线可以看出，灵敏度表示曲线上相应点的斜率。对于线性传感器，灵敏度为一个常数；对于非线性传感器，灵敏度则为一个变量，随着输入量的变化而变化，如图 1.2 所示。

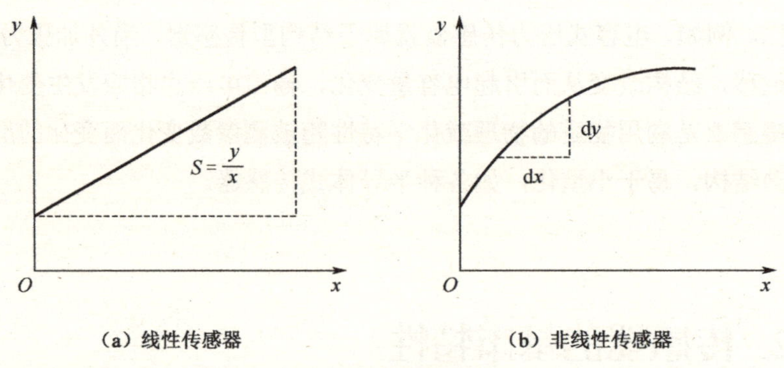

（a）线性传感器　（b）非线性传感器

图 1.2　灵敏度的变化

灵敏度的单位取决于传感器输入、输出信号的单位。例如，压力传感器灵敏度的单位可表示为 mV/Pa。对于数字式仪表，灵敏度用分辨力表示。所谓分辨力是指数字式仪表最后一位数字所代表的值。一般来说，分辨力数值小于仪表的最大绝对误差。

在实际应用中，一般希望传感器的灵敏度高一些，而且在满量程范围内保持为恒定值，即传感器的静态特性曲线为一条直线。

2．线性度

线性度 γ_L，又称非线性误差，是指传感器实际特性曲线与其理论拟合直线之间的最大偏差 $\Delta_{L\max}$ 与其满量程输出量 y_{FS} 的百分比，即

$$\gamma_L=\frac{\Delta_{L\max}}{y_{FS}}\times 100\% \tag{1.3}$$

理论拟合直线的选取方法不同，线性度的数值大小也就不同。传感器线性度示意图如图 1.3 所示，图中的拟合直线是一条将传感器的零点与对应于最大输入值的最大输出值点连接起来的直线，这条直线被称为端基直线，由此得到的线性度即为端基线性度。

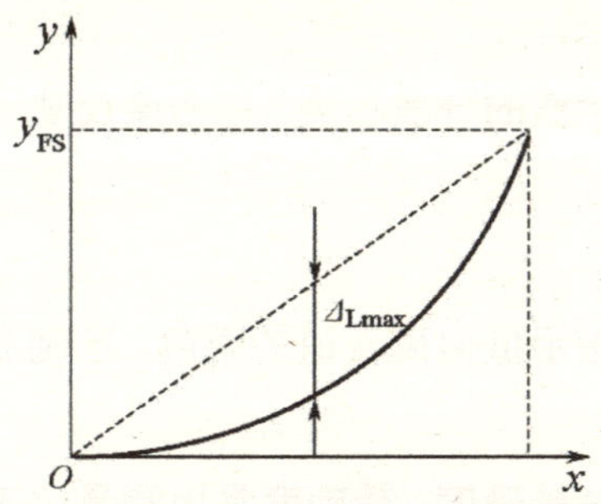

图 1.3　传感器线性度示意图

在实际应用中，人们总是希望线性度越小越好，即传感器的静态特性曲线要尽量接近拟合直线，这时传感器的刻度是均匀的，读数方便且不容易产生误差，容易标定。但实际上大部分的传感器总会存在一定的非线性误差，目前检测系统的非线性误差多通过计算机来进行修正。

3．迟滞

迟滞是指传感器在正（输入量从小到大）、反（输入量从大到小）行程中特性曲线不重合的现象，如图 1.4 所示。

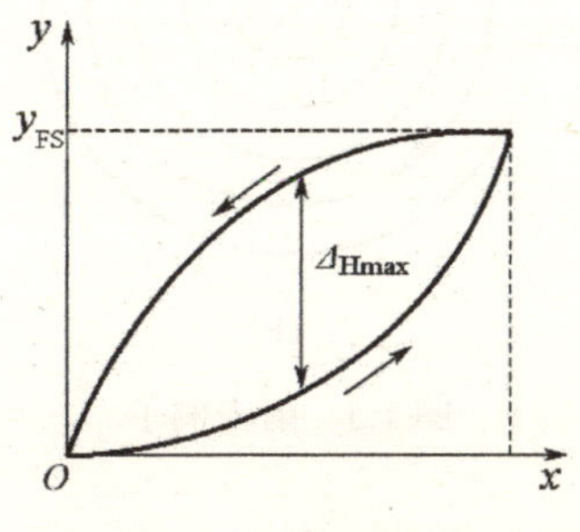

图 1.4　传感器迟滞

迟滞 γ_H 可以用传感器正、反行程输出值间的最大差值 Δ_{Hmax} 与其满量程输出 y_{FS} 的百分比来表示，即

$$\gamma_H = \pm \frac{\Delta_{H\max}}{y_{FS}} \times 100\% \tag{1.4}$$

造成迟滞的原因有很多，如轴承摩擦、间隙变大、螺钉松动、电路元件老化、工作点漂移等。迟滞会导致传感器的分辨力变差或造成测量盲区，因此，一般希望传感器的迟滞越小越好。

4．精确度

精确度是反映测量系统中系统误差和随机误差的综合评定指标。精确度包含两个指标：精密度和准确度。

1）精密度

精密度表明测量系统指示值的分散程度。精密度反映了随机误差的大小，精密度高表示随机误差小。

2）准确度

准确度表明测量系统的指示值偏离真值的程度。准确度反映了系统误差的大小，准确度高表示系统误差小。

以上两个指标合起来就是精确度，精确度常用测量仪表的基本误差来表示，测量系统的精确度高说明其精密度和准确度都高。

图 1.5 所示为射击例子，通过这个例子可以对准确度、精密度及精确度 3 个概念有更好的理解。图 1.5（a）中靶点分散但接近靶心，表示准确度高而精密度低；图 1.5（b）中靶点集中但偏离靶心，表示精密度高而准确度低；图 1.5（c）中靶点集中而且都在靶心，表示准确度和精密度都高，即它的精确度高。

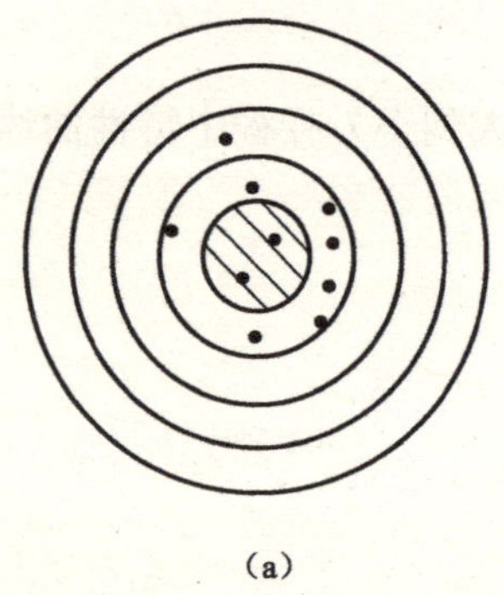
（a）

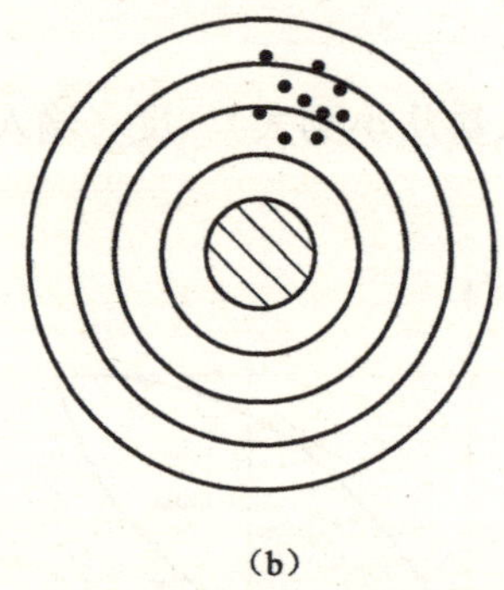
（b）

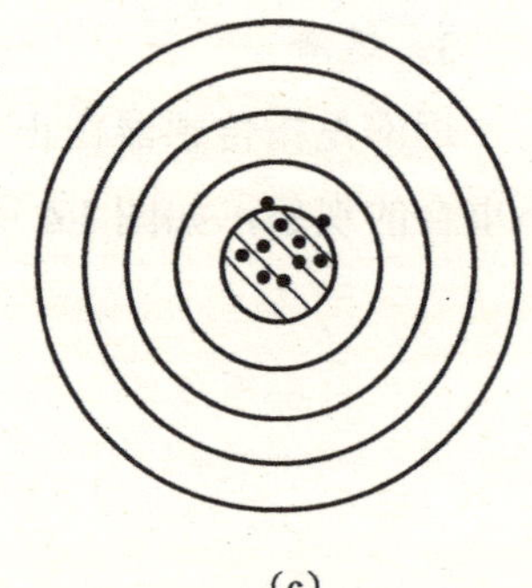
（c）

图 1.5　射击例子

5．稳定性

传感器的稳定性常用稳定度和影响系数来表示。

1）稳定度

稳定度是指在规定工作条件和规定时间内，传感器性能保持不变，即读数不变的能力。传感器在工作中，其内部随机变动的产生因素有很多，如发生周期性变动、工作点漂移或机械部分的摩擦等都会使输出产生变化。

稳定度一般用传感器输出量的变化和观测时间的长短之比来表示。例如，某传感器输出电压每小时变化 1.5mV，则其稳定度为 1.5mV/h。

2）影响系数

影响系数是表示由于外界环境变化引起传感器输出变化的量。一般传感器都有给定的标准工作条件，如环境温度为 20℃、相对湿度为 60%、大气压力为 101.33kPa、电源电压为 220V 等。而实际工作时的条件通常会偏离其标准工作条件，这时传感器的输出就会发生变化。

影响系数常用输出的变化量与影响因素的变化量的比值表示，如某压力表的温度影响系数为 200Pa/℃，即表示环境温度每变化 1℃，压力表的示值变化 200Pa。

6．可靠性

可靠性是指传感器或检测系统在规定的工作条件和规定的时间内保持正常工作性能的能力。它是一种综合性的质量指标，包含可靠度、平均无故障工作时间、平均修复时间和失效率。

1）可靠度

可靠度可以用传感器在规定的使用条件和工作周期内达到规定性能的概率来表示。

2）平均无故障工作时间（MTBF）

平均无故障工作时间是指相邻两次故障期间传感器正常工作时间的平均值。

3）平均修复时间（MTTR）

平均修复时间是指排除故障所花费时间的平均值。

4）失效率

失效率是指在规定的条件下工作到某个时刻后，传感器在单位时间内发生失效的概率，对可修复性的产品，又称故障率。

失效率是时间的函数，失效率变化曲线如图 1.6 所示，一般分为 3 个阶段：早期失效期、偶然失效期及衰老失效期。

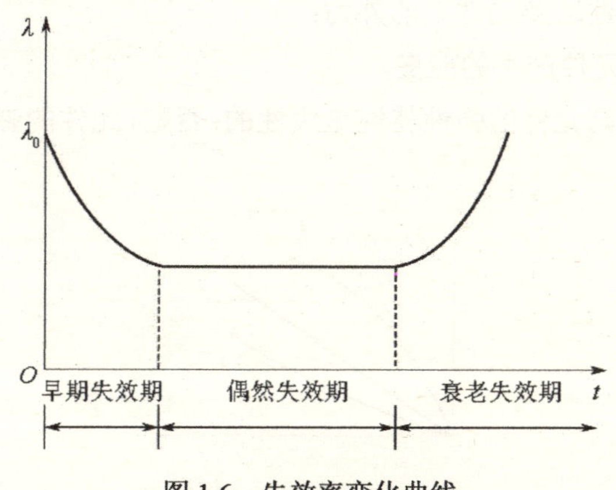

图 1.6　失效率变化曲线

1.3 传感器的敏感元件

在外力的作用下物体的尺寸或形状发生改变，这种现象被称为变形，如果去掉外力后物体能完全恢复其原来的尺寸和形状，则把这种变形称为弹性变形，具有这种弹性变形特性的物体被称为弹性元件。

弹性元件在传感器技术中占有极其重要的地位。它可以把力、力矩或压力转换为相应的应变或位移，然后配合各种形式的转换元件，将应变或位移转换为相应的电参量。

根据在传感器中的作用，可以把弹性元件分为两种类型，即弹性敏感元件和弹性支承。弹性敏感元件用来感受力、力矩、压力等被测参量，并将被测参量转换为应变或位移，也就是通过它把被测参量由一种物理状态转换为另一种所需的物理状态，可以直接起到测量物理量的作用。

1.3.1 弹性敏感材料的弹性特性

作用在弹性敏感元件上的外力与由该外力引起的相应变形（应变、位移或转角）之间的关系被称为弹性敏感元件的弹性特性。弹性特性具体可由刚度和灵敏度来表示。

1．刚度

刚度是表征弹性敏感元件在外力作用下抵抗变形的能力，其数学表达式为

$$k = \lim_{\Delta x \to 0} \frac{\Delta F}{\Delta x} = \frac{\mathrm{d}F}{\mathrm{d}x} \tag{1.5}$$

式中，F——作用在弹性敏感元件上的外力；

x——弹性敏感元件产生的应变。

若刚度 k 是常数，则元件的弹性特性是线性的；否则，元件的弹性特性是非线性的，如图 1.7 所示。

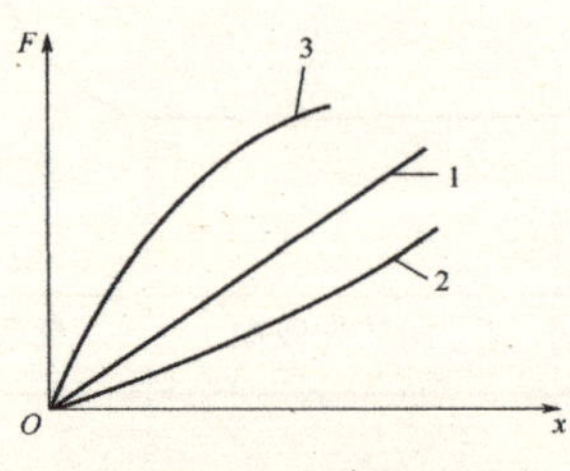

1—线性；2，3—非线性

图 1.7 弹性特性

2．灵敏度

灵敏度是刚度的倒数，可表示为

$$K = \frac{\mathrm{d}x}{\mathrm{d}F} \tag{1.6}$$

从式（1.6）可知，灵敏度是单位力产生应变的大小。与刚度相似，如果灵敏度为常数，则元件的弹性特性是线性的；如果灵敏度为一个变化的量，则元件的弹性特性是非线性的。

3．弹性滞后

在弹性变形范围内，弹性敏感元件的弹性特性的加载曲线（即正向行程）与卸载曲线（即反向行程）不重合的现象被称为弹性滞后现象，如图 1.8 所示。

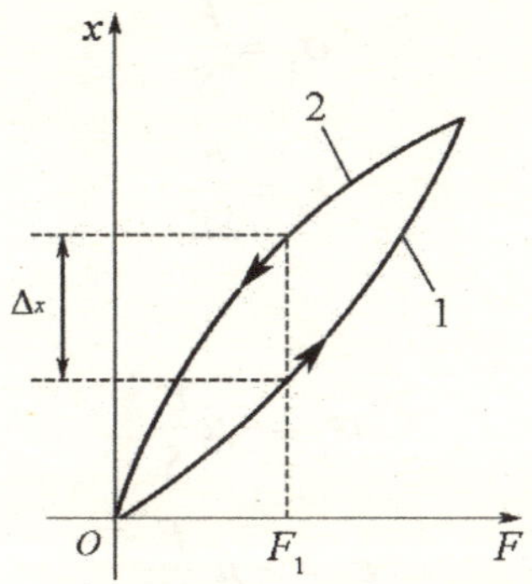

1—正向行程曲线；2—反向行程曲线

图 1.8　弹性滞后

4．弹性后效

当在弹性敏感元件上施加的载荷变化后，其不是立即完成相应的变形，而是在一定时间间隔中逐渐完成变形，这种现象被称为弹性后效。由于弹性后效的存在，弹性敏感元件的变形不能迅速地随作用力的变化而变化，从而会引起测量误差。

1.3.2　弹性敏感元件的变换原理

下面介绍几种常见的弹性敏感元件及其将力或压力转换为应变或位移的原理。

1．弹性圆柱

柱式弹性元件的结构简单，可以承受很大的载荷，根据其截面形状可分为圆筒形与圆柱形两种。弹性圆柱如图 1.9 所示。

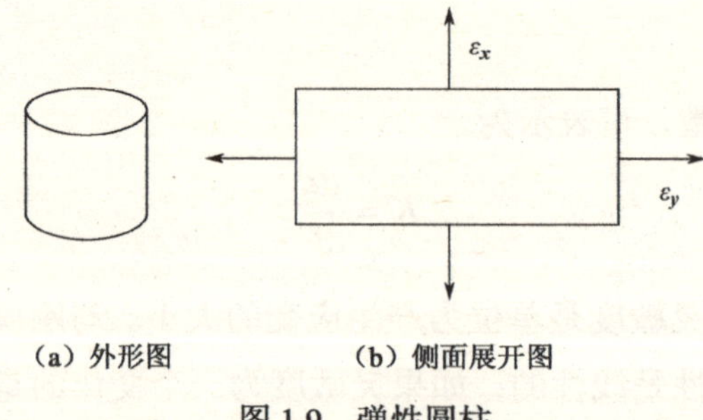

（a）外形图　　（b）侧面展开图

图 1.9　弹性圆柱

在外力的作用下，柱式弹性元件产生变形，从而产生应变。在受到轴向拉或压的作用力 F 时，在与轴线成 90°的侧面上产生轴向应力和横向应力，其轴向应力和应变量分别为

$$\sigma_x = \frac{F}{S} \tag{1.7}$$

$$\varepsilon_x = \frac{F}{SE} \tag{1.8}$$

其横向应力和应变量分别为

$$\sigma_y = -\mu\frac{F}{S} \tag{1.9}$$

$$\varepsilon_y = -\mu\frac{F}{SE} \tag{1.10}$$

式中，F——沿轴向的作用力；

E——材料的弹性模量；

μ——材料的泊松系数，一般为 0～0.5；

S——圆柱的横截面积。

由式（1.7）、式（1.8）、式（1.9）和式（1.10）可知，圆柱的应变大小决定于圆柱的结构、横截面积、材料性质和圆柱所承受的力，与圆柱的长度无关。

对于空心的圆柱弹性敏感元件，上述表达式也适用，而且空心的弹性元件在某些方面要优于实心元件。但是当空心圆柱的壁太薄时，受压力作用后将产生较明显的变形从而影响精度。

2．悬臂梁

悬臂梁可分为等截面悬臂梁和等强度悬臂梁，分别如图 1.10 和图 1.11 所示。悬臂梁是一种一端固定而另一端自由的弹性敏感元件，其特点是结构简单、加工方便，在较小力的测量中应用较多。

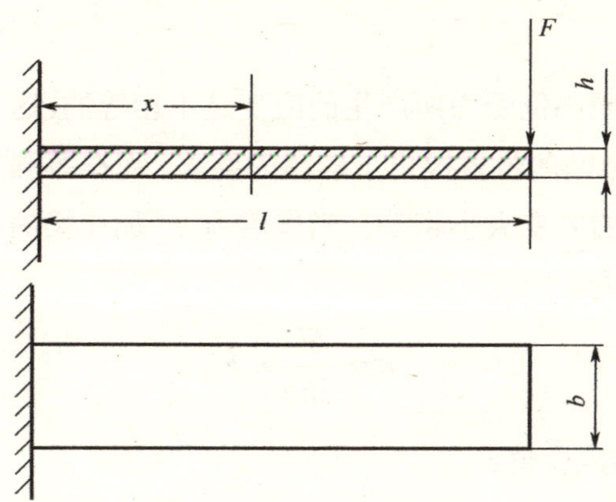

图 1.10　等截面悬臂梁

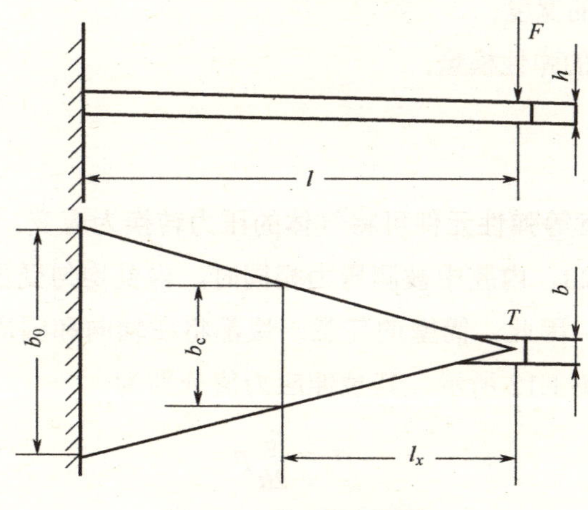

图 1.11　等强度悬臂梁

1）等截面悬臂梁

截面为矩形的悬臂梁称为等截面悬臂梁。等截面悬臂梁所受作用力 F 与某一位置处的应变关系可按下式计算：

$$\varepsilon_x = \frac{6F(l-x)}{ESh} \tag{1.11}$$

式中，ε_x——到固定端距离为 x 处的应变值；

l——梁的长度；

x——某一位置到固定端的距离；

E——梁的材料的弹性模量；

S——梁的截面积；

h——梁的厚度。

由式（1.11）可知，随着位置 x 的变化，在梁上产生的应变也是变化的。

2）等强度悬臂梁

等截面悬臂梁的不同部位受力所产生的应变是不相等的，这对其在电阻应变式传感器中的应用，即应变片粘贴的位置提出了较高的要求。而在等强度悬臂梁自由端加上作用力时，梁上各处产生的应变大小相等。当作用力 F 加在梁的两斜边的交汇点处时，等强度梁各点的应变值为

$$\varepsilon=\frac{6l}{Ebh}\times F \tag{1.12}$$

式中，ε——梁上各点的应变值；

l——梁的长度；

b——应变处梁的宽度；

E——梁的材料的弹性模量；

h——梁的厚度。

3．薄壁圆筒

薄壁圆筒与弹簧管等弹性元件可将气体的压力转换为应变。薄壁圆筒的壁厚一般都小于圆筒直径的 1/20，内腔中被测压力相同时，内壁均匀受压，薄壁无弯曲变形，只是均匀地向外扩张。因此，筒壁的任意一块都将在轴向和圆周方向产生拉伸应力，薄壁圆筒受力分析如图 1.12 所示，其拉伸应力值分别为

$$\sigma_x=\frac{r_0}{2h}p \tag{1.13}$$

$$\sigma_\tau=\frac{r_0}{h}p \tag{1.14}$$

式中，σ_x——轴向的拉伸应力；

σ_τ——圆周方向的拉伸应力；

p——筒内气体压力；

r_0——圆筒的内半径；

h——圆筒的壁厚。

轴向的拉伸应力 σ_x 与圆周方向的拉伸应力 σ_τ 相互垂直，应用胡克定律，可求得这种弹性敏感元件应变—压力关系式为

$$\varepsilon_x=\frac{r_0}{2Eh}(1-2\mu)p \tag{1.15}$$

$$\varepsilon_\tau=\frac{r_0}{2Eh}(2-\mu)p \tag{1.16}$$

由式（1.15）、式（1.16）可知，该应变与圆筒的长度无关，而与圆筒的内半径 r_0、

圆筒的壁厚 h 和弹性模量 E 有关，且轴向的应变与圆周方向的应变不相等。

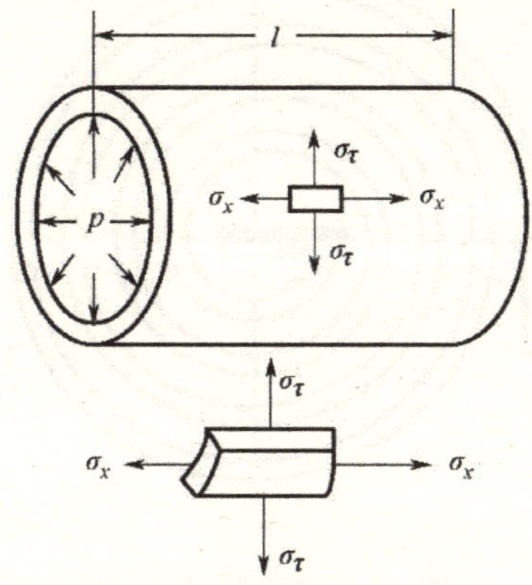

图 1.12　薄壁圆筒受力分析

4．弹簧管

弹簧管的截面为椭圆形、卵形或更复杂的形状。它主要用于流体压力的测量，可以将压力转换为弹簧管端部的位移。弹簧管大多是弯曲成 C 形的空心管，管的一端开口，为固定端；另一端封闭，为自由端。C 形弹簧管的结构与截面示意图如图 1.13 所示。弹簧管的自由端连在管接头上，压力 p 通过管接头导入弹簧管的内腔，在管内压力作用下，管截面将趋于变成圆形，从而使 C 形管趋向于伸直，于是管的自由端产生位移，该位移的大小可以反映管内压力的大小。为了减小应力，可将其制成螺旋形弹簧管，如图 1.14 所示。

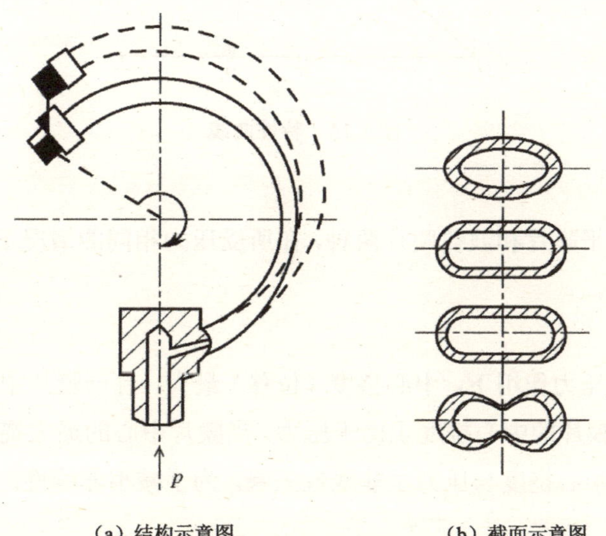

（a）结构示意图　　（b）截面示意图

图 1.13　C 形弹簧管的结构与截面示意图

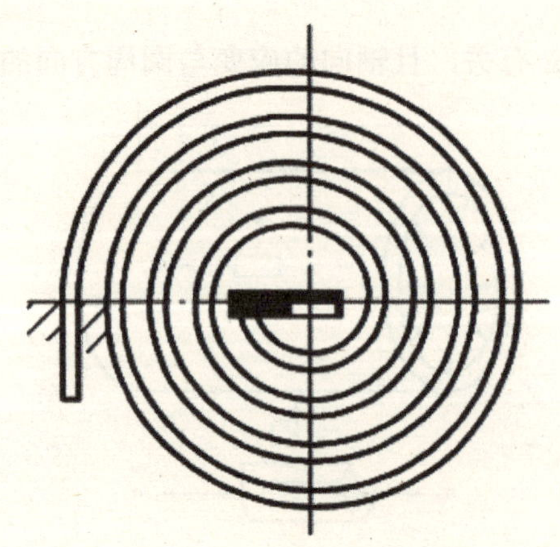

图 1.14　螺旋形弹簧管

椭圆形截面的薄壁弹簧管的管壁厚与短半轴之比应为 0.7～0.8。在一定范围内，其自由端位移 d 和所受压力 p 之间呈线性关系；当压力超过某一压力值 p_h 时，特性曲线将偏离直线而上翘。特性曲线如图 1.15 所示。

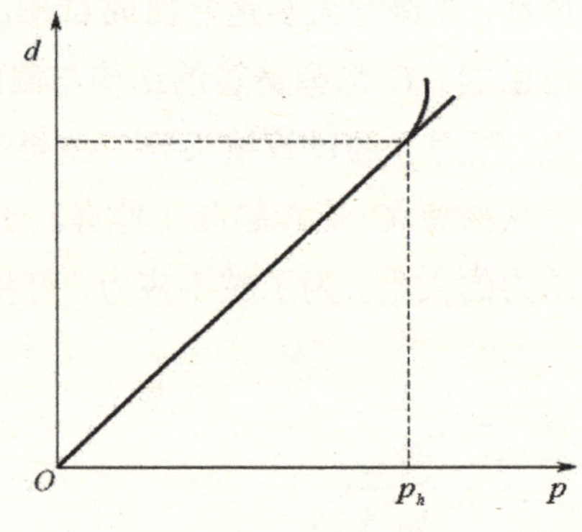

图 1.15　特性曲线

5．膜片

圆形膜片分为平膜片和波纹膜片两种，在所受压力相同的情况下，波纹膜片产生的挠度（位移）较大。

1）平膜片

圆形平膜片在压力作用下，中心挠度（位移）最大，且当膜片中心的最大挠度远小于膜片的厚度时，膜片的中心挠度正比于压力。当膜片中心的最大挠度大于或等于膜片的厚度时，膜片的中心挠度与压力呈非线性关系，为了减小非线性，要使位移量比膜片的厚度小得多。

在压力均匀分布的情况下，圆形平膜片应力分布如图 1.16 所示，图中的 σ_r 和 σ_t 分别为圆形平膜片各点对应的纵向应力和横向应力（切向应力）。

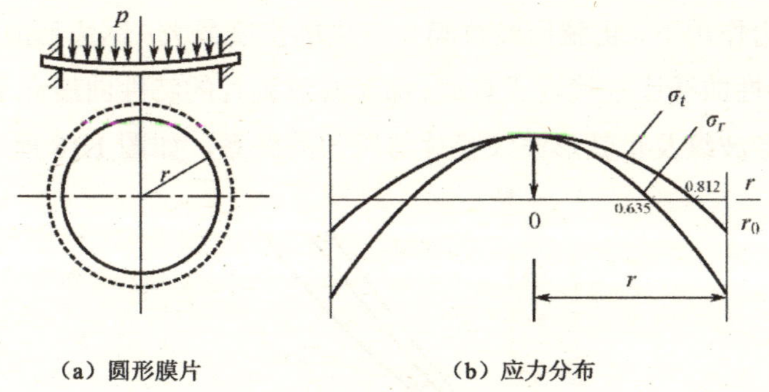

（a）圆形膜片　　（b）应力分布

图 1.16　圆形平膜片应力分布

由图 1.16（b）中圆形平膜片的应力分布曲线可得出以下结论：

在圆膜的中心处（$r=0$），具有最大的正应力（拉应力），且 $\sigma_r=\sigma_t$。

在圆膜的边缘处（$r=r_0$），纵向应力 σ_r 为最大的负应力（压应力）。

当 $r=0.635r_0$ 时，纵向应力 $\sigma_r=0$。

当 $r>0.635r_0$ 时，纵向应力 $\sigma_r<0$，为负应力（压应力）。

当 $r=0.812r_0$ 时，横向应力 $\sigma_t=0$，但纵向应力 $\sigma_r<0$。

当 $r<0.635r_0$ 时，纵向应力 $\sigma_r>0$，为正应力（拉应力）。

2）波纹膜片

波纹膜片是一种压有环状同心波纹的圆形薄板，一般用于测量压力（或压差），为了增加膜片中心的位移，通常可把两个膜片焊在一起制成膜盒，其位移为单个膜片的两倍，如果需要得到更大的位移，可把数个膜盒串联成膜盒组。

波纹膜片的波纹形状有很多种，通常采用正弦形、梯形和锯齿形，对应的轴向截面如图 1.17 所示，为了便于与其他零件相连，在膜片中央留有一个光滑部分，有时还在中心焊上一块金属片，作为膜片的硬芯。

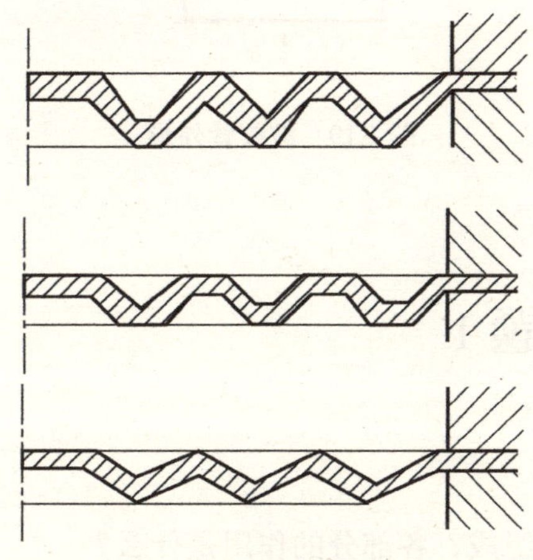

图 1.17　膜片的轴向截面

在一定的压力作用下，正弦形波纹膜片产生的挠度最大；锯齿形波纹膜片产生的挠度最小，但它的特性曲线比较接近于直线；梯形波纹膜片的特性曲线介于上述二者之间。锯齿形波纹、梯形波纹及正弦形波纹膜片与压力的关系，如图 1.18 所示。

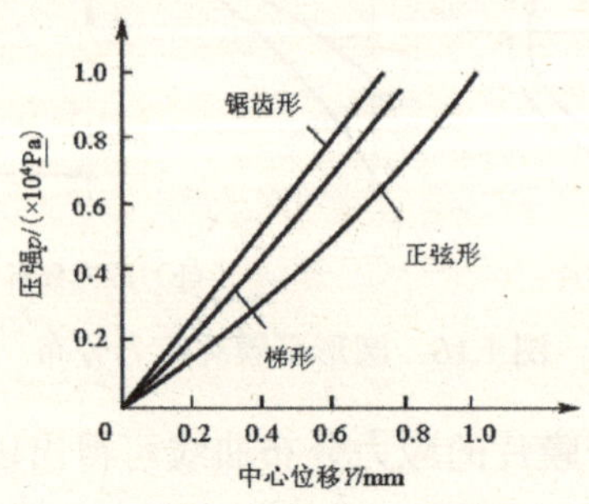

图 1.18 波纹形状与膜片特性的关系

6. 波纹管

波纹管是一种表面上有许多同心环状波形皱纹的薄壁圆管，其外形如图 1.19 所示。在流体压力或轴向力的作用下将会伸长或缩短；在横向力作用下，波纹管将在平面内弯曲。金属波纹管容易产生轴向变形，灵敏度非常好，在变形量允许的情况下，压力或轴向力的变化与伸缩量是成比例的，因此利用它可把压力或轴向力转换为位移。

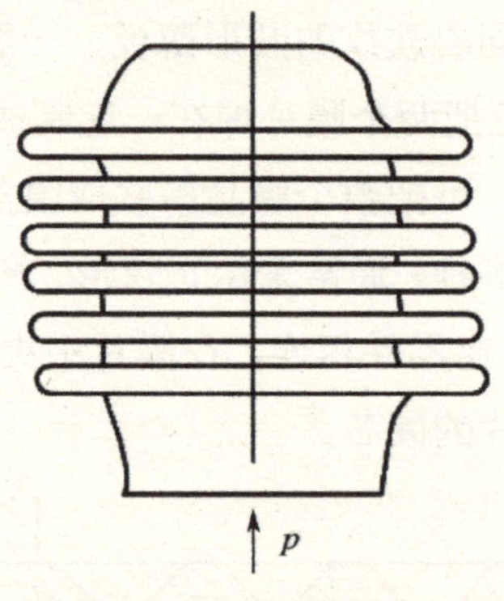

图 1.19 波纹管外形

思考题与习题 1

1. 传感器由哪几部分组成？各部分的作用是什么？

2．传感器的静态特性和动态特性的含义是什么？

3．传感器的静态特性指标有哪些？它们的含义分别是什么？

4．什么是弹性敏感元件的弹性特性？弹性特性指标有哪些？

5．常见的弹性敏感元件有哪些？其中哪些是转换力的？哪些是转换压力的？

6．等截面悬臂梁和等强度悬臂梁的区别是什么？

7．使用弹簧管测量压力的工作原理是什么？

chapter 2

第 2 章　电阻式传感器

2.1　电阻应变式传感器

电阻应变式传感器可以用来测量力、压力、位移、加速度等物理量，是目前应用最广泛的传感器之一。它具有结构简单、使用方便、性能稳定、可靠性高、灵敏度高、响应速度快等优点，广泛应用于机械、电力、化工、建筑、医学、航空等多个领域。

2.1.1　电阻应变片的种类与结构

电阻应变片的种类繁多，形式各样，分类方法也不同。根据所用材料不同电阻应变片可分为金属应变片和半导体应变片两大类，其中金属应变片根据其结构又可分为丝式应变片、箔式应变片和薄膜应变片。

1．丝式应变片

丝式应变片是把电阻丝绕制成栅状夹在两层绝缘薄片（基底和覆盖层）中制成的，是一种常用的应变片，其基本结构如图 2.1 所示，它主要由以下 4 个部分组成。

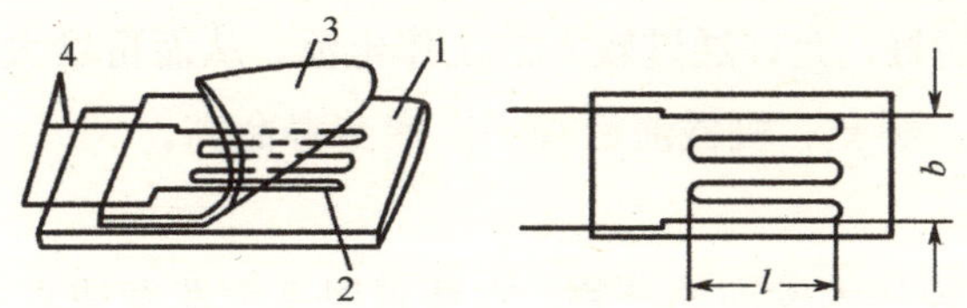

1—基底；2—电阻丝；3—覆盖层；4—引线

图 2.1　丝式应变片的基本结构

1）敏感栅

敏感栅是将应变转换为电阻的敏感元件，由直径为 0.015～0.05mm 的金属细丝绕成栅状（或用很薄的金属箔腐蚀成栅状）制成。应变片的电阻值有 60Ω、120Ω、200Ω 等规格，以 120Ω 最为常用。

2）基底和覆盖层

基底用于保持敏感栅和引线的形状及其相对位置；覆盖层既可保持敏感栅和引线的形状及其相对位置，又可保护敏感栅。

3）黏结剂

黏结剂用于将敏感栅和覆盖层固定在基底上，同时用于将应变片粘贴在被测试件表面某个方向和位置上，起到传递应变的作用。

4）引线

引线是从应变片的敏感栅中引出的细金属线，常用直径为 0.1～0.15mm 的镀银铜线制成。

2．箔式应变片

箔式应变片是利用照相制版或光刻腐蚀的技术，将金属箔在绝缘基底下制成各种图形而形成的应变片，如图 2.2 所示。金属箔厚度多为 0.001～0.01mm。箔式应变片的应用日益广泛，在常温条件下已逐步取代了丝式应变片。

图 2.2　箔式应变片

箔式应变片的优点主要有：制造技术成熟，能够保证敏感栅的尺寸准确、线条均匀，并且可以制成任意形状以适应不同的测量需求；敏感栅薄而宽，黏结情况好，传递试件应变性能好；散热性能好，允许通过较大的工作电流，从而可增大输出信号；敏感栅弯头横向效应可以忽略；蠕变、机械滞后较小，疲劳寿命高。

3．薄膜应变片

薄膜应变片是薄膜技术发展的产物，它是采用真空蒸发或真空沉积等方法在薄的绝缘基片上形成0.1μm以下的金属材料薄膜敏感栅，最后加上保护层而形成的应变片。这种应变片灵敏系数高，易实现工业批量生产，是一种前景很好的新型应变片。但是目前这种应变片在实际使用中存在电阻与温度和时间的变化关系难以控制的问题。

4．半导体应变片

半导体应变片的优点是：尺寸、横向效应和机械滞后都很小，而且灵敏系数极大，因此输出也大，无需放大器就可以直接与记录仪器连接，大大简化了测量系统。其缺点是：电阻值和灵敏系数的稳定性差，测量较大应变时非线性严重，灵敏系数随受拉力或受压力而变化，且分散度大，一般为3%～5%，因而使测量结果有±3%～±5%的误差。

2.1.2 电阻应变片的工作原理

1．电阻应变效应

电阻应变片的工作原理基于金属材料的电阻应变效应，即金属导体的电阻随着它受力所产生的机械变形（拉伸或压缩）的大小而发生变化的现象。

金属导体的电阻随应变而变化的原因是：金属导体的电阻与其电阻率和几何尺寸有关，而金属导体在产生机械变形的过程中，这两者都会发生变化，从而会引起其电阻变化。

设有一根金属丝，其电阻为

$$R=\rho\frac{l}{S} \tag{2.1}$$

式中，R——金属丝的电阻；

ρ——金属丝的电阻率；

l——金属丝的长度；

S——金属丝的横截面积。

当金属丝被拉伸时，其长度伸长 dl，横截面积相应减小 dS，电阻率也将改变 dρ，这些量的变化必然会引起金属丝电阻改变 dR，即

$$\mathrm{d}R=\frac{\rho}{S}\mathrm{d}l-\frac{\rho l}{S^2}\mathrm{d}S+\frac{l}{S}\mathrm{d}\rho \tag{2.2}$$

两边分别除以$R=\rho\dfrac{l}{S}$，得

$$\frac{\mathrm{d}R}{R}=\frac{\mathrm{d}l}{l}-\frac{\mathrm{d}S}{S}+\frac{\mathrm{d}\rho}{\rho} \tag{2.3}$$

因为$S=\pi r^2$（r为金属丝半径），得$\mathrm{d}S=2\pi r\mathrm{d}r$，因此

$$\frac{\mathrm{d}R}{R}=\frac{\mathrm{d}l}{l}-2\frac{\mathrm{d}r}{r}+\frac{\mathrm{d}\rho}{\rho} \tag{2.4}$$

令金属丝的轴向应变量$\varepsilon_x=\dfrac{\mathrm{d}l}{l}$，金属丝的径向应变量$\varepsilon_y=\dfrac{\mathrm{d}r}{r}$，则由式（2.4）得

$$\frac{\mathrm{d}R}{R}=\varepsilon_x-2\varepsilon_y+\frac{\mathrm{d}\rho}{\rho} \tag{2.5}$$

根据材料力学原理，金属丝受拉力时，沿轴向伸长，而沿径向缩短，轴向应变和径向应变的关系为

$$\varepsilon_y=-\mu\varepsilon_x \tag{2.6}$$

式中，μ ——金属丝材料的泊松系数。

将式（2.6）代入式（2.5），得

$$\frac{\mathrm{d}R}{R}=(1+2\mu)\ \varepsilon_x+\frac{\mathrm{d}\rho}{\rho}$$

或

$$\frac{\dfrac{\mathrm{d}R}{R}}{\varepsilon_x}=(1+2\mu)+\frac{\dfrac{\mathrm{d}\rho}{\rho}}{\varepsilon_x} \tag{2.7}$$

令

$$K=\frac{\dfrac{\mathrm{d}R}{R}}{\varepsilon_x}=(1+2\mu)+\frac{\dfrac{\mathrm{d}\rho}{\rho}}{\varepsilon_x} \tag{2.8}$$

则 K 为金属丝的灵敏度系数，表示金属丝产生单位变形时，电阻相对变化的大小。显然，K越大，单位变形引起的电阻相对变化越大，即灵敏度越高。

由式（2.8）可知，金属丝的灵敏度系数K受两个因素的影响：第一项$(1+2\mu)$，它是由于金属丝受拉伸后，其几何尺寸的变化而引起的；第二项$\dfrac{\dfrac{\mathrm{d}\rho}{\rho}}{\varepsilon_x}$，它是由于材料发生变形时，其自由电子的活动能力和数量均发生变化而引起的，这一项可以为正值，也可以为负值，但作为应变片材料都应选为正值，否则会降低灵敏度。对于金属丝来说，其电阻的变化主要受第一项影响，即主要受材料的几何尺寸变化影响。

实验证明，在金属丝的弹性变形范围内，电阻的相对变化 dR/R 与金属丝的应变 ε_x 成正比，因此其灵敏度 K 为常数，式（2.8）用增量式可表示为

$$\frac{\Delta R}{R}=K\varepsilon_x \tag{2.9}$$

2．电阻应变片测量原理

用电阻应变片测量应变或应力时，要将应变片粘贴在被测对象上。在外力作用下，被测对象表面产生微小的机械变形，粘贴在其表面上的应变片也产生相同的变形，导致应变片的电阻发生相应的变化。如果用仪表测出应变片的电阻值变化 ΔR，则根据式（2.9）可得到被测对象的应变值 ε_x。在材料力学中，根据应力—应变关系可得到应力值 F，其表达式为

$$F = A\cdot E\cdot \varepsilon_x \tag{2.10}$$

式中，F——试件的应力；

ε_x——试件的应变；

A——试件的面积。

通过弹性敏感元件的转换作用，可以将力、压力、位移、加速度等参数转换为应变，因此，可将应变片从测量应变扩展到测量这些参数，从而形成各种电阻应变式传感器。

2.1.3 电阻应变式传感器的测量电路

由于弹性敏感元件产生的机械变形非常小，引起的应变量 ε_x 也很微小（通常在 5000με 以下），从而引起电阻应变片的电阻变化率 dR/R 也很小，为了把微小的电阻变化率反映出来，必须采用专门的测量电路，把应变片电阻的变化转换成电压或电流的变化，从而达到精确测量的目的，这里最常用的测量电路是直流电桥电路。

1．直流电桥工作原理

直流电桥电路如图 2.3 所示，它的 4 个桥臂由电阻 R_1、R_2、R_3、R_4 组成。E 为直流电源，接入电桥的两个接点，从电桥的另两个接点得到输出电压为 U_o。

当电桥输出端开路时，根据电阻分压原理可得，电阻 R_1 上的电压 $U_1=\frac{R_1}{R_1+R_2}E$；电阻 R_3 上的电压 $U_3=\frac{R_3}{R_3+R_4}E$，则输出端电压 U_o 为

$$U_o=U_1-U_3=\frac{R_1}{R_1+R_2}E-\frac{R_3}{R_3+R_4}E=\frac{R_1R_4-R_2R_3}{(R_1+R_2)(R_3+R_4)}E \tag{2.11}$$

由式（2.11）可知，若电桥各桥臂电阻满足条件

$$R_1R_4 = R_2R_3 \tag{2.12}$$

则电桥的输出电压 U_o 为 0，即电桥处于平衡状态。式（2.12）为电桥的平衡条件。

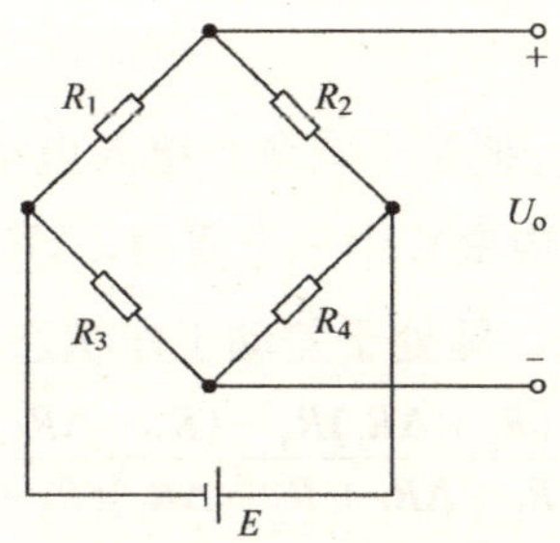

图 2.3　直流电桥电路

2．电阻应变片测量电桥

将电阻应变片接入电桥电路，即构成电阻应变片测量电桥，根据电阻应变片在电桥电路中接入的数量不同，测量电桥有 3 种工作方式：单臂、双臂（半桥）和四臂（全桥）。

电阻应变片测量电桥在测量前应使电桥平衡（称为预调平衡），以使测量时电桥的输出电压只与应变片感受应变所引起的电阻变化有关。初始条件为

$$R_1 = R_2 = R_3 = R_4 = R$$

1）单臂电桥

单臂电桥只有一个应变片 R_1 接入，如图 2.4 所示，测量时应变片的电阻变化为 ΔR。电路输出端电压为

$$U_o = \frac{(R_1 + \Delta R_1)R_4 - R_2R_3}{(R_1 + \Delta R_1 + R_2)(R_3 + R_4)}E = \frac{R\Delta R}{2R(2R + \Delta R)}E \tag{2.13}$$

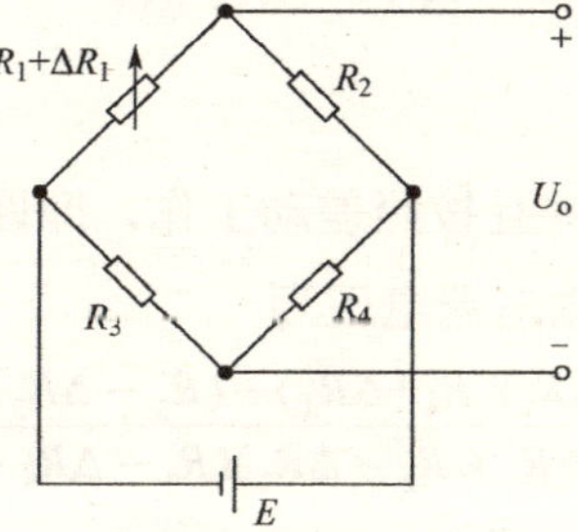

图 2.4　单臂电桥

在一般情况下，$\Delta R \ll R$，因此

$$U_o \approx \frac{R\Delta R}{2R \times 2R}E = \frac{E}{4}\frac{\Delta R}{R} \tag{2.14}$$

由电阻应变效应可知$\frac{\Delta R}{R}=K\varepsilon$，则式（2.14）可写为

$$U_o=\frac{E}{4}K\varepsilon \tag{2.15}$$

2）双臂电桥（半桥）

半桥电路中采用两个应变片，把两个应变片接入电桥的相邻两桥臂，如图2.5所示。根据被测试件的受力情况，两个应变片中一个受拉，另一个受压，使电桥两桥臂应变片的电阻变化大小相同、方向相反，即处于差动工作状态，此时电桥输出端电压为

$$U_o=\frac{(R_1+\Delta R_1)R_4-(R_2-\Delta R_2)R_3}{(R_1+\Delta R_1+R_2-\Delta R_2)(R_3+R_4)}E \tag{2.16}$$

若$\Delta R_1=\Delta R_2=\Delta R$，则

$$U_o=\frac{2R\times\Delta R}{2R\times 2R}E=\frac{E}{2}\frac{\Delta R}{R} \tag{2.17}$$

同理，式（2.16）可写成

$$U_o=\frac{E}{2}K\varepsilon \tag{2.18}$$

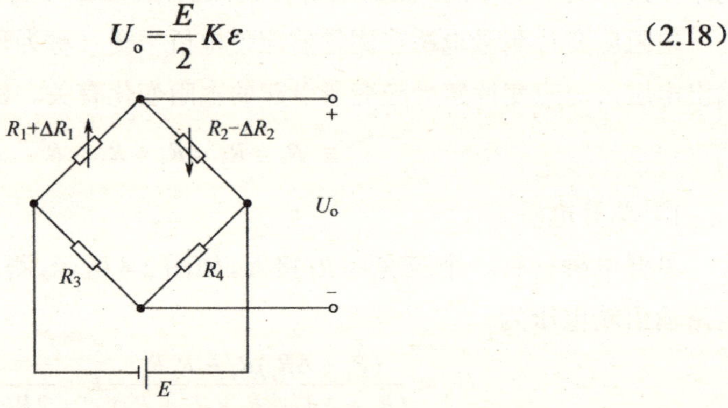

图 2.5　双臂电桥

3）四臂电桥（全桥）

把四个应变片接入电桥，并且按照差动工作，即四个应变片中两个受拉，另外两个受压，如图 2.6 所示。电桥输出端电压为

$$U_o=\frac{(R_1+\Delta R_1)(R_4+\Delta R_4)-(R_2-\Delta R_2)(R_3-\Delta R_3)}{(R_1+\Delta R_1+R_2-\Delta R_2)(R_3-\Delta R_3+R_4+\Delta R_4)}E \tag{2.19}$$

若$\Delta R_1=\Delta R_2=\Delta R_3=\Delta R_4=\Delta R$，则

$$U_o=\frac{4R\times\Delta R}{2R\times 2R}E=E\frac{\Delta R}{R}=EK\varepsilon \tag{2.20}$$

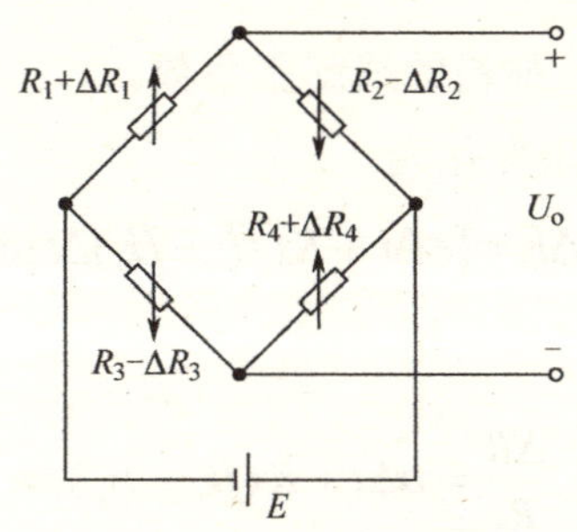

图 2.6 全桥直流电桥

对比式（2.15）、式（2.18）、式（2.20）可知，电阻应变片采用直流电桥作为测量电路时，电桥输出电压与被测应变呈线性关系，在相同条件下（电源电压和应变片型号不变），差动工作电路的输出信号更大，半桥电路输出电压是单臂电桥电路输出电压的 2 倍，全桥电路输出电压是单臂电桥电路输出电压的 4 倍，即全桥工作时，输出电压最大，测量电路的灵敏度最高。

3．应变片的温度误差及其补偿

1）温度误差

在传感器测量时，希望应变片的电阻仅随应变 ε 变化而变化，而不受其他因素的影响，但温度变化也会引起应变片的电阻变化，而且与应变所引起的变化几乎处于相同的数量级。为补偿温度对测量的影响，要了解环境温度变化引起电阻变化的主要因素，事实上，环境温度变化引起电阻变化有两个主要因素：一是应变片的电阻丝具有一定的温度系数；二是电阻丝材料与被测试件材料的线膨胀系数不同。

电阻丝的电阻与温度的关系可用下式表达：

$$R_t = R_0(1+\alpha\Delta t) = R_0 + R_0\alpha\Delta t \tag{2.21}$$

式中，R_t——温度为 t 时的电阻值；

R_0——温度为 t_0 时的电阻值；

Δt——温度的变化值；

α——敏感栅材料的电阻温度系数。

则应变片由于温度系数产生的电阻相对变化为

$$\Delta R_1 = R_0\alpha\Delta t \tag{2.22}$$

另外，如果电阻丝材料的线膨胀系数与被测试件材料的线膨胀系数不同，则环境温度变化时，也会引起应变片的附加应变，其使电阻产生的变化值为

$$\Delta R_2 = R_0K(\beta_e - \beta_g)\Delta t \tag{2.23}$$

式中，β_e——被测试件（弹性元件）材料的线膨胀系数；

β_g——敏感栅（应变丝）材料的线膨胀系数。

因此，由温度变化引起的总电阻变化为

$$\Delta R=[\alpha\Delta t+K(\beta_e-\beta_g)\Delta t]R_0 \tag{2.24}$$

对应的相对变化量为

$$\frac{\Delta R}{R_0}=\alpha\Delta t+K(\beta_e-\beta_g)\Delta t \tag{2.25}$$

由式（2.25）可知，被测试件不受外力作用而产生温度变化时，粘贴在被测试件表面的应变片的电阻值也会产生变化。这说明应变式传感器的输出值大小与应变片敏感栅材料的电阻温度系数 α、线膨胀系数 β_g，以及被测试件材料的线膨胀系数 β_e 有关。

2）温度补偿

为了使应变式传感器的输出值不受温度变化的影响，必须进行温度补偿，可以采用单丝自补偿应变片。由式（2.25）可知，使应变片在温度变化时电阻误差为零的条件是

$$\alpha\Delta t+K(\beta_e-\beta_g)\Delta t=0$$

即

$$\alpha=-K(\beta_e-\beta_g)$$

根据上述条件，选择合适的敏感栅材料，即可达到温度自补偿的目的。

单丝自补偿应变片的优点是结构简单，制造和使用方便，但它必须在具有一定线膨胀系数的材料上使用，否则不能达到温度补偿的目的，因此局限性很大。

双丝组合式自补偿应变片，也称为组合式自补偿应变片，由两种电阻温度系数符号不同（一种为正、另一种为负）的电阻丝组成。将两者串联绕制成敏感栅，两段敏感栅的电阻 R_1 和 R_2 由于温度变化而引起的电阻变化分别为 ΔR_{1t} 和 ΔR_{2t}，若它们大小相等且符号相反，就可实现温度补偿。

桥式电路补偿法，也称为补偿片法，测量时使用两个应变片：一个粘贴在被测试件的表面，称为工作应变片；另一个粘贴在与被测试件材料相同的补偿块上，称为补偿应变片。在工作过程中，补偿块不承受应变，仅随温度变化产生变形，当温度发生变化时，工作应变片的阻值 R_1 和补偿应变片的阻值 R_2 都发生变化。由于两个应变片为同类应变片，又粘贴在相同的材料上，所以 R_1 和 R_2 的变化相同，即 $\Delta R_1=\Delta R_2$。如图 2.7 所示，R_1 和 R_2 分别接入相邻的两桥臂，则因温度变化引起的电阻变化 ΔR_1 和 ΔR_2 的作用相互抵消，这样就可起到温度补偿的作用。

桥式电路补偿法的优点是简单、方便，在常温下补偿效果较好；其缺点是在温度变化

梯度较大的环境下，很难做到工作应变片与补偿应变片的温度完全一致，因而会影响温度补偿的效果。

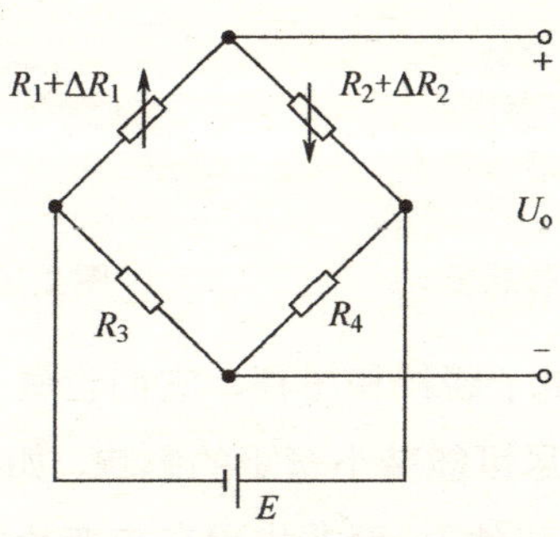

图 2.7　桥式电路补偿电路

热敏电阻补偿电路如图 2.8 所示，热敏电阻 R_t 与应变片处在相同的温度下，当应变片的灵敏度随温度升高而下降从而导致电桥输出电压降低时，热敏电阻 R_t 的阻值下降，使电桥的输入电压随温度升高而增加，从而提高电桥的输出电压。选择阻值合适的分流电阻 R_5，可使应变片灵敏度下降对电桥输出电压的影响得到很好的补偿。

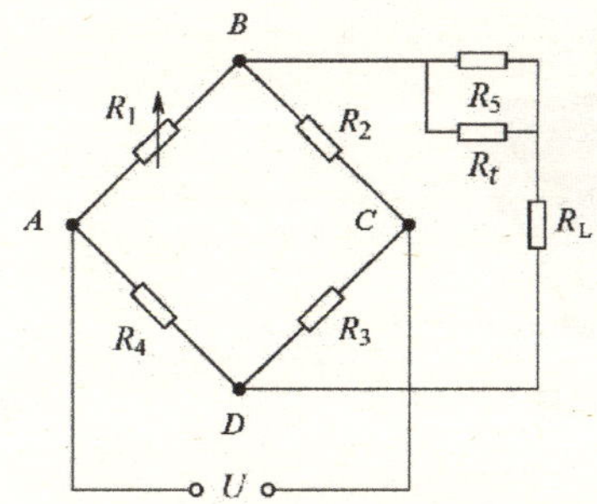

图 2.8　热敏电阻补偿电路

2.1.4　电阻应变式传感器的应用

电阻应变式传感器的应用十分广泛，它可以用来测量力、压力、扭矩、位移、加速度等物理量。

1．力的测量

在应变式测力传感器中，敏感元件一般为各种弹性元件，转换元件为应变片，测量电路为电桥电路，有时直接将粘贴于被测试件上的应变片与应变仪相连，就可以直接从应变仪上读取被测试件的应变量。应变式测力传感器如图 2.9 所示，柱式测力传感器如图 2.10 所示。

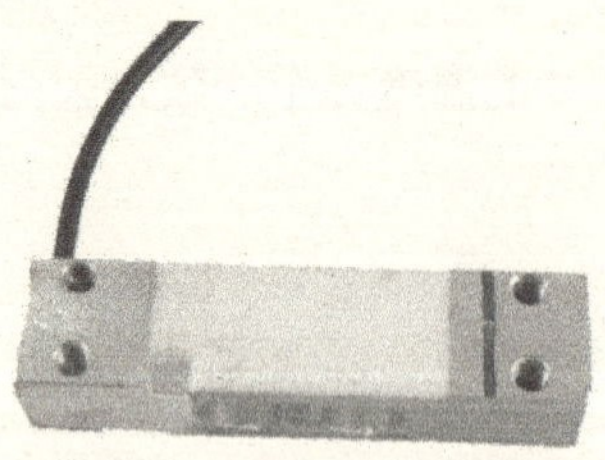
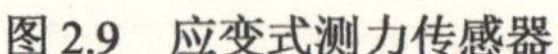

图 2.9　应变式测力传感器

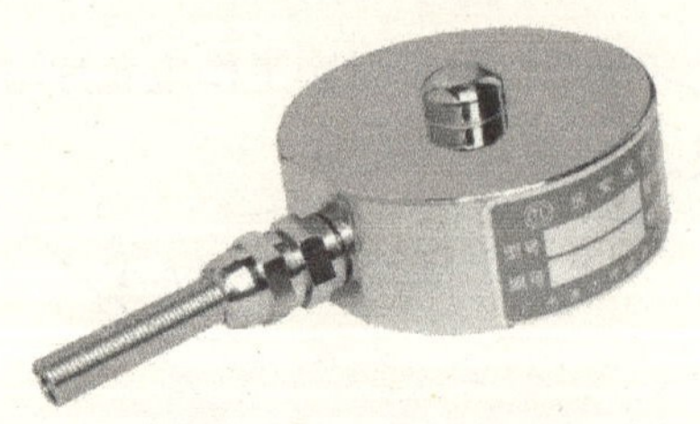

图 2.10　柱式测力传感器

图 2.11 和图 2.12 所示为电子磅秤和吊秤，它们也属于测力传感器。这类传感器有较高的灵敏度，电桥连线时要尽可能减小弯矩的影响，如有必要可进行温度补偿。测量时要注意被测力应作用在弹性元件上，而非作用在应变片本身，以避免损坏电阻应变片。

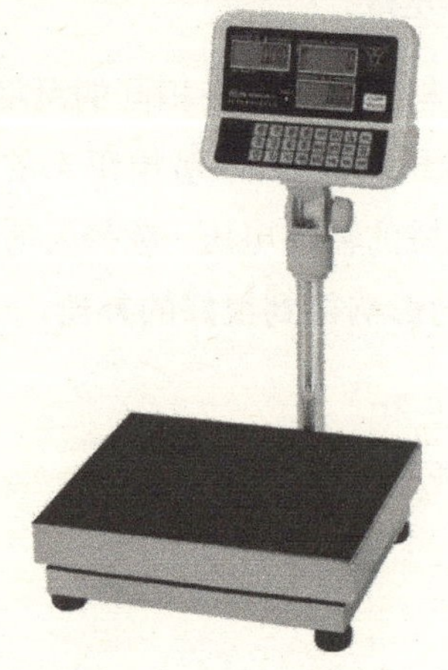

图 2.11　电子磅秤

图 2.12　吊秤

2．扭矩的测量

扭矩测量常见于汽车、摩托车、飞机、内燃机和家用电器等领域，应变式数显扭矩扳手如图 2.13 所示，其弹性元件在扳手内部，应变片粘贴在其内部，测量电路为全桥电路。应变片电阻的变化反映了扭矩的变化，可以直接通过液晶屏读出扭矩大小。需要注意的是，在粘贴应变片时应使相邻两个应变片呈 90°角，这样的排列可以提高扭矩传感器的输出灵敏度，亦可消除轴向力的影响。

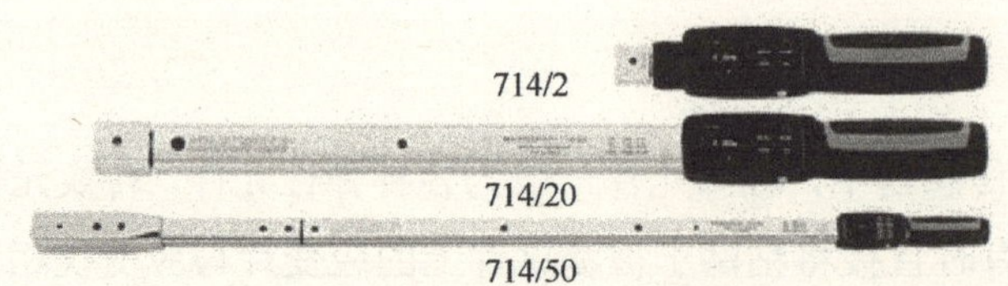

图 2.13　应变式数显扭矩扳手

3．加速度测量

应变式加速度传感器的结构如图 2.14 所示。在悬臂梁的自由端固定一个质量块。当壳体与待测物一起做加速运动时，悬臂梁在质量块惯性力的作用下发生形变，使粘贴于其上的应变片的阻值发生变化，检测其阻值的变化即可求得待测物的加速度。

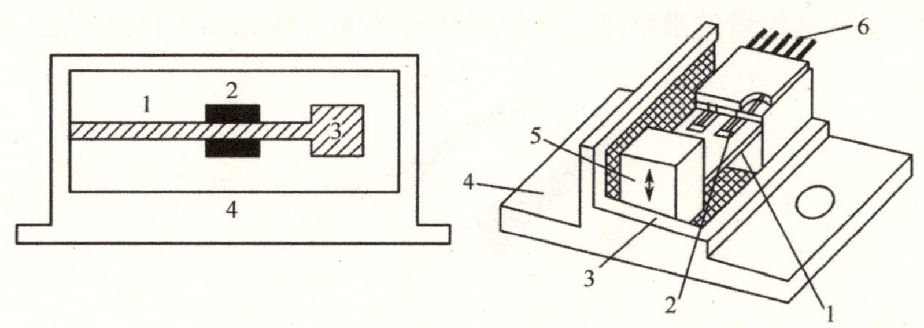

1—悬臂梁；2—应变计；3—质量块；4—壳体；5—运动方向；6—电引线

图 2.14　应变式加速度传感器的结构

2.2　压阻式传感器

随着集成电路和半导体技术的发展，出现了以半导体材料的压阻效应为原理制成的半导体力敏传感器。硅压阻式力传感器因具有体积小、性能高、价格低等优点得到了广泛应用。

2.2.1　压阻式传感器的工作原理

压阻式传感器的工作原理基于压阻效应，即当力作用于硅晶体时，晶体的晶格产生变形，使载流子从一个能谷向另一个能谷散射，引起载流子的迁移率发生变化，扰动了载流子在纵向和横向上的平均量，从而使硅的电阻率发生变化。硅的压阻效应不同于金属应变片的电阻应变效应，半导体材料的电阻随压力的变化主要取决于电阻率的变化，而金属材料的电阻变化则主要取决于几何尺寸的变化，而且前者的灵敏度比后者大 50～100 倍。

压阻式传感器就是利用单晶硅材料的压阻效应和集成电路技术制成的传感器。单晶硅材料受力后，其电阻率发生变化，通过测量电路就可得到正比于所受力的电信号输出。

压阻式传感器多用于力、压力、压差及可以转变为力的变化的其他物理量（如应变、加速度、质量、液位、流量等）的测量和控制。压阻式传感器的优点是响应快、体积小、耗电少、灵敏度高、精度高；其缺点是电阻值易受温度影响，压阻元件的压阻系数具有较大的负温度系数，容易引起电阻值与电阻温度系数的离散，导致传感器的灵敏度漂移和零点漂移，影响其测量的准确度。压阻式传感器的外形如图 2.15 所示。

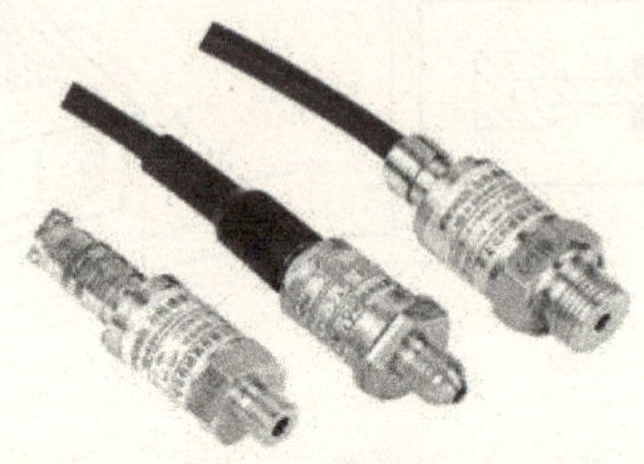

图 2.15　压阻式传感器的外形

压阻式压力传感器又称为固态压力传感器，采用集成工艺将电阻条集成在单晶硅膜片上制成硅压阻芯片，然后将此芯片的周边固定并封装于外壳中，再引出电极。它不同于粘贴式应变片需要通过弹性敏感元件间接感受外力，而是直接通过硅膜片感受被测压力。硅膜片的一面是与被测压力连通的高压腔，另一面是与大气连通的低压腔，压阻式压力传感器的结构如图 2.16 所示，硅膜片一般设计成周边固定支撑的圆形，直径与厚度之比为 20～60。4 条 P 杂质电阻条接成全桥工作方式，其中 2 条位于压应力区，另外 2 条位于拉应力区，相对于膜片中心对称。硅柱形敏感元件也是在硅柱面某一晶面的一定方向上分布 4 条电阻条，2 条受拉应力的电阻条与另外 2 条受压应力的电阻条构成全桥工作方式。

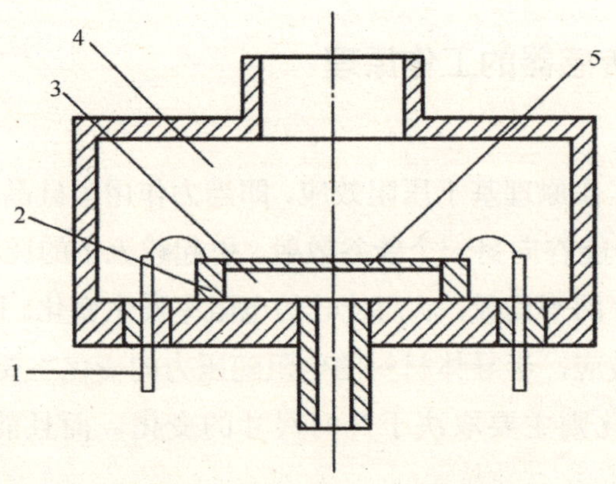

1—引线；2—硅杯；3—高压腔；4—低压腔；5—硅膜片

图 2.16　压阻式压力传感器的结构

2.2.2 压阻式传感器的应用

压阻式传感器广泛地应用于航天、航空、航海、石油、化工、动力机械、生物医学工程、气象、地质、地震测量等各个领域。在航天和航空工业中，压力是一个关键参数，对静态压力和动态压力、局部压力和整个压力场的测量都要求很高的精度，压阻式传感器在这些方面是比较理想的传感器。例如，用于测量直升机机翼的气流压力分布、发动机进气口的动态畸变、叶栅的脉动压力和机翼的抖动等。在飞机喷气发动机中心压力的测量中，使用了专门设计的硅压力传感器，其工作温度在 500℃以上。在波音客机的大气数据测量系统中采用了精度高达 0.05%的配套硅压力传感器。在尺寸缩小的风洞模型试验中，压阻式传感器能密集地安装在风洞进口处和发动机进气管道中。单个压阻式传感器的直径仅为 2.36mm，固有频率高达 300kHz，非线性和滞后均为全量程的±0.22%。

压阻式传感器还有效地应用于爆炸压力和冲击波的测量、真空测量、监测和控制汽车发动机的性能，以及诸如测量枪、炮膛内压力和发射冲击波等兵器方面的测量。此外，在油井压力测量、随钻测向和测位地下密封电缆故障点的检测，以及流量和液位测量等方面都广泛应用压阻式传感器。随着微电子技术和计算机技术的进一步发展，压阻式传感器的应用还将继续得到发展。

思考题与习题 2

1．电阻应变片根据其材料和结构可以分为哪几类？

2．丝式应变片由哪几部分组成？各部分的作用是什么？

3．电阻应变片的工作原理基于什么效应？该效应含义是什么？

4．金属丝的灵敏度系数公式是什么？该系数受哪两个因素的影响？

5．电阻应变片式传感器为什么要用测量电路？最常用的测量电路是什么？

6．电阻应变片测量电桥有哪三种工作方式？它们电路上的区别是什么？

7．电阻应变片测量电桥 3 种工作方式的输出电压分别是多少？

8．环境温度变化引起电阻应变片变化有哪两个主要因素？使电阻产生的变化分别是多少？

9．应变式加速度传感器是怎样测量被测物的加速度的？

10．压阻式传感器的工作原理基于什么效应？该效应含义是什么？

chapter 3

第3章 电容式传感器

3.1 电容式传感器的原理与结构

电容式传感器是以各种类型的电容器作为转换元件，将被测物理量或机械量变化转换为电容量变化的一种装置，它实际上就是一个具有可变参数的电容器。电容式传感器广泛用于位移、角度、振动、速度、压力、介质特性等的测量。

3.1.1 电容式传感器的工作原理

用两块平行的金属板作电极，就可以构成最简单的平板电容器，如图 3.1 所示。两极板相对覆盖的有效面积为 S，两极板间距离为 d，两极板间介质的介电常数为 ε，在忽略边缘效应的条件下，平板电容器的电容 C 为

$$C=\frac{\varepsilon S}{d}=\frac{\varepsilon_0\varepsilon_r S}{d} \tag{3.1}$$

式中，ε_0——真空介电常数，$\varepsilon_0\approx 8.85\times10^{-12}$F/m；

ε_r——极板间介质的相对介电常数。

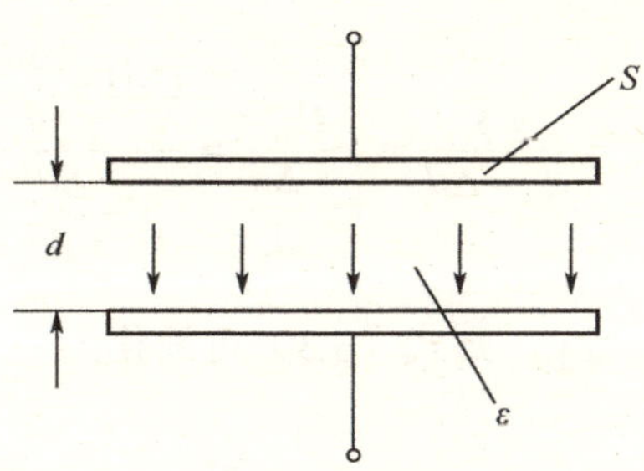

图 3.1 平板电容器

由式（3.1）可以看出，电容 C 的大小受 ε、S、d 三个参数的影响。如果保持其中两个参数不变，而改变第三个参数，电容就会发生变化，并且可以通过测量电路转换为电量输出，这就是电容式传感器的基本原理。根据改变的参数不同，电容式传感器可以分为三种类型：改变两极板间距离的变间隙型电容式传感器、改变两极板相对覆盖面积的变面积型电容式传感器和改变极板间介质的介电常数的变介电常数型电容式传感器。

3.1.2 电容式传感器的类型及结构

1．变间隙型电容式传感器

变间隙型电容式传感器如图 3.2 所示，是由一块定极板和一块动极板组成的，当动极板相对定极板上下移动时，它们之间的距离改变，从而引起传感器的电容量发生变化，下面进行具体分析。

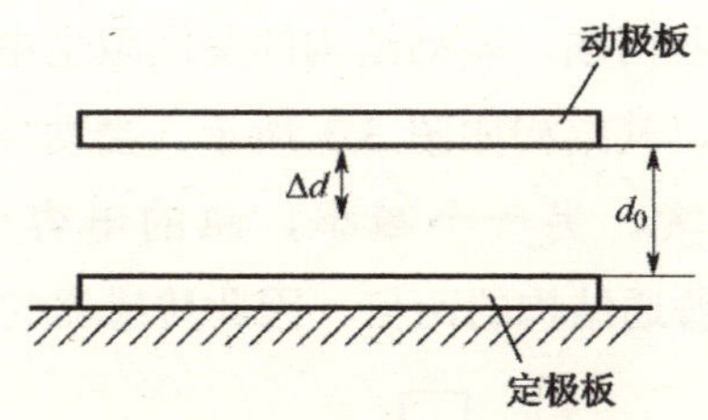

图 3.2 变间隙型电容式传感器

设 ε 和 S 不变，两极板间的初始距离为 d_0，传感器初始电容为

$$C_0 = \frac{\varepsilon S}{d_0} \tag{3.2}$$

如图 3.2 所示，动极板受到外力作用向下移动，两极板间距减小了 Δd，电容大小变为

$$C_0 = \frac{\varepsilon S}{d_0 - \Delta d} = \frac{C_0}{1 - \frac{\Delta d}{d_0}} = \frac{C_0(1 + \frac{\Delta d}{d_0})}{1 - \frac{\Delta d^2}{d_0^2}} \tag{3.3}$$

如果$\frac{\Delta d}{d_0} \ll 1$，则$1 - \frac{\Delta d^2}{d_0^2} \approx 1$，则式（3.3）可简化为

$$C \approx C_0(1 + \frac{\Delta d}{d_0}) \tag{3.4}$$

所以：

$$\Delta C = C - C_0 = C_0 \frac{\Delta d}{d_0} \tag{3.5}$$

电容值的相对变化量为

$$\frac{\Delta C}{C_0} = \frac{\Delta d}{d_0} \tag{3.6}$$

可以看出，只有当$\frac{\Delta d}{d_0} \ll 1$时，$\frac{\Delta C}{C_0}$与$\Delta d$才近似为线性关系，此时传感器的灵敏度为

$$K = \frac{\Delta C}{\Delta d} = \frac{C_0}{d_0} = \frac{\varepsilon S}{d_0^2} \tag{3.7}$$

由式（3.7）可以看出，增大 S 和减小 d_0 都可以提高传感器的灵敏度，但会受到传感器体积和击穿电压的限制，并且会引起较大的非线性误差，采用差动结构的变间隙型电容式传感器就可以解决这些问题。差动结构的变间隙型电容式传感器有两块定极板，分别和动极板构成两个电容，其结构如图 3.3 所示。当动极板相对两块定极板移动时，两个电容的电容值一个增大、另一个减小，总的电容变化为两个电容之差，即$(C_1+\Delta C)-(C_2-\Delta C)=2\Delta C$，为普通结构的两倍，因此传感器的灵敏度增大了一倍。

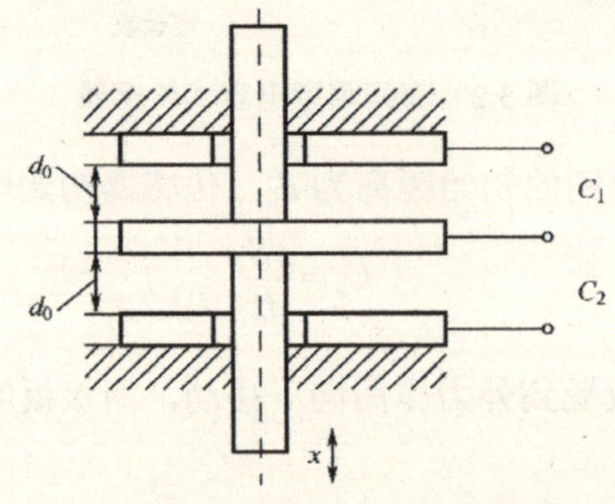

图 3.3　差动结构的变间隙型电容式传感器

2. 变面积型电容式传感器

变面积型电容式传感器的两块极板中，一块固定不动，称为定极板；另一块可移动，称为动极板。根据动极板相对于定极板的移动方式，变面积型电容式传感器又分为直线位移型电容式传感器和角位移型电容式传感器两种。

1）直线位移型电容式传感器

图 3.4 所示为直线位移型电容式传感器的示意图。

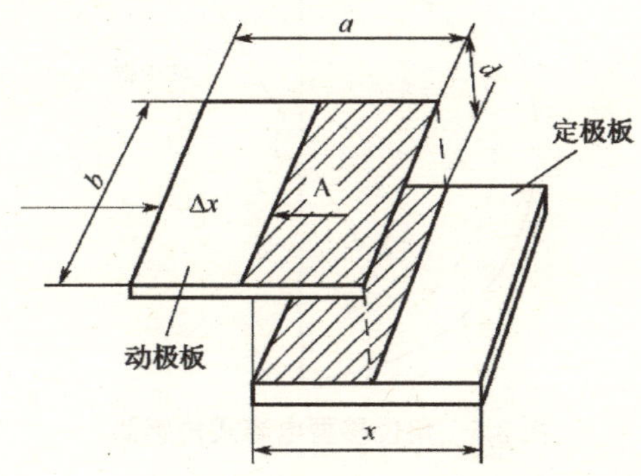

图 3.4　直线位移型电容式传感器的示意图

当动极板移动 Δx 后，两极板间相对覆盖面积就发生了变化，电容也随之改变，其值为

$$C=\frac{\varepsilon b(a-\Delta x)}{d}=C_0-\frac{\varepsilon b}{d}\Delta x \qquad (3.8)$$

式中，ε——介质的介电常数；

a——电容极板的宽度；

b——电容极板的长度；

Δx——电容动极板位移的变化量；

C_0——初始电容量。

电容因位移而产生的变化量为

$$\Delta C=C-C_0=-\frac{\varepsilon b}{d}\Delta x=-C_0\frac{\Delta x}{a} \qquad (3.9)$$

其灵敏度为

$$K=\frac{\Delta C}{\Delta x}=-\frac{\varepsilon b}{d} \qquad (3.10)$$

由式（3.10）可以看出，减小两极板间的距离 d 或增加极板的宽度 b 均可提高传感器的灵敏度。

2）角位移型电容式传感器

角位移型电容式传感器如图 3.5 所示。当被测量的变化引起动极板转动 θ 角时，两极板间相对覆盖的面积发生变化，从而引起电容的变化。

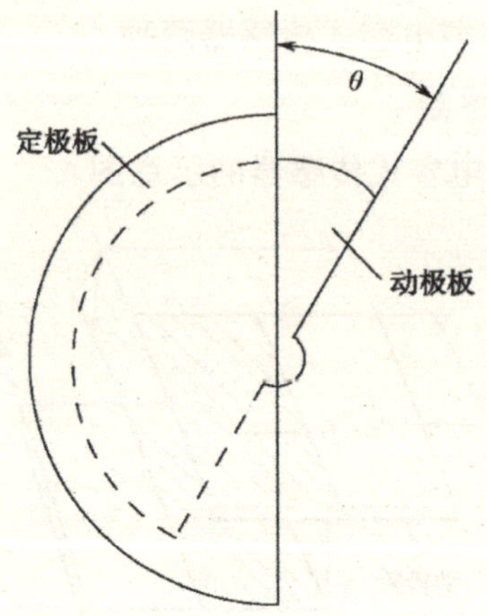

图 3.5　角位移型电容式传感器

当 θ=0 时，初始电容为

$$C_0 = \frac{\varepsilon S}{d} \tag{3.11}$$

当 $\theta \neq 0$ 时，电容就变为

$$C = \frac{\varepsilon S \dfrac{\pi - \theta}{\pi}}{d} = \frac{\varepsilon S}{d}(1 - \frac{\theta}{\pi}) = C_0(1 - \frac{\theta}{\pi}) = C_0 - C_0\frac{\theta}{\pi} \tag{3.12}$$

电容产生的变化量为

$$\Delta C = C - C_0 = -C_0\frac{\theta}{\pi} \tag{3.13}$$

其灵敏度为

$$K = \frac{\Delta C}{\theta} = -\frac{C_0}{\pi} \tag{3.14}$$

由式（3.10）和式（3.14）可以看出，变面积型电容式传感器的电容变化是线性的，即灵敏度是一个常数。

变面积型电容式传感器还可以做成其他许多形式，如图3.6所示，常用来检测位移、振动等参量。为了提高传感器的灵敏度，减小非线性误差，在实际应用中多采用差动式结构，如图 3.6（c）所示即为圆筒变面积型差动电容式传感器，其灵敏度可提高一倍。这一类传感器多用于检测位移、角位移、尺寸等参量。

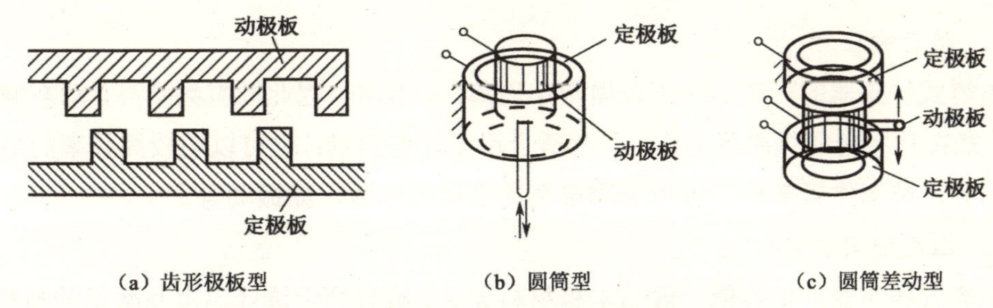

图 3.6　变面积型电容式传感器的其他形式

3．变介电常数型电容式传感器

当电容式传感器中的电介质发生改变时，其介电常数随之变化，从而引起电容量发生变化。这种电容式传感器的结构形式很多，有的介质本身的介电常数没有发生变化，但是极板之间的介质成分发生了变化，如图 3.7（a）、（b）、（c）所示，这类传感器可以测量电介质厚度、位移、液位等；也有的介质本身的介电常数由于受到环境影响而发生变化，如图 3.7（d）所示，这类传感器可以测量环境的温度、湿度等。

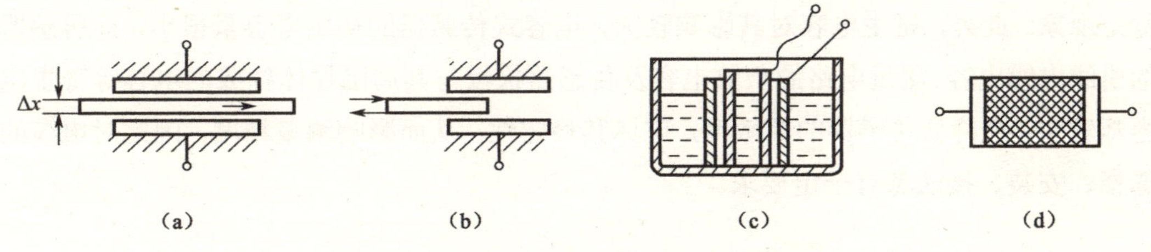

图 3.7　常见的变介电常数型电容式传感器

3.1.3　电容式传感器的特点

1．结构简单，适应性强

电容式传感器的结构简单，易于生产，精度高，可以做得很小以实现某些特殊的测量功能，如驻极体电容传声器就是利用电容式传感器的原理工作的。电容式传感器一般用金属作电极，用无机材料作绝缘支承，因此在高低温、强辐射及强磁场等恶劣的环境中工作时，它能承受很大的温度变化，能承受高压力、高冲击、过载等，而且能测量超高压。

2．分辨率高

由于传感器极板间的静电引力很小，需要的输入能量小，所以特别适合用来解决输入能量低的问题，如测量极小的力、压力和微小的位移等，由于其灵敏度很高，所以分辨率非常高，能测量 0.001μm 甚至更小的位移。

3．动态响应好

电容式传感器的可动部分可以做得小而薄，质量轻，因此固有频率高，动态响应时间短，能在几兆赫的频率下工作，非常适合用于动态测量；也可以用较高频率的电压供电，因此系统工作频率高，可用于测量高速变化的参数，如振动等。

4．温度稳定性好

电容式传感器的电容值一般与电极材料无关，故有利于选择温度系数低的材料，又由于传感器本身发热量极小，因此温度稳定性好。

5．可实现非接触测量，具有平均效应

电容式传感器在测量回转轴的振动或偏心、小型滚珠轴承的径向间隙等时，可以采用非接触式测量方法，具有平均效应，能够减小工件表面粗糙度等对测量的影响。

电容式传感器的不足之处是输出阻抗高、负载能力差。由于其电容量受其极板几何尺寸限制，一般为几十皮法到几百皮法，使传感器输出阻抗很高，尤其当采用音频范围内的交流电源时，输出阻抗更高，因此传感器负载能力差，易受外界干扰影响而产生不稳定现象。此外，寄生电容对其影响较大，电容式传感器的初始电容量很小，而传感器的引线电缆电容、测量电路的杂散电容及传感器极板与其周围导体构成的电容等寄生电容却较大，会降低传感器的灵敏度，破坏其稳定性，从而影响测量精度，因此对电缆的选择、安装、接法都有一定要求。

3.2 电容式传感器的测量电路

电容式传感器的输出电容通常很小，只有几皮法到几十皮法，不便于直接显示和记录，因此要借助一些测量电路来检测这一微小的电容变化量，并转换为与其对应的电量（电压、电流和频率等）。测量电路的种类很多，目前较常采用的有调频测量电路、运算放大器测量电路、二极管双T形电桥测量电路等。

1．调频测量电路

图3.8所示为调频测量电路的原理框图。该电路的基本原理是将电容式传感器接入高频振荡器的LC谐振回路中，作为回路的一部分，当被测量使电容发生变化时，谐振回路的振荡频率也随之发生变化。因为振荡器的振荡频率受电容式传感器输出电容的调制，所以称之为调频测量电路。

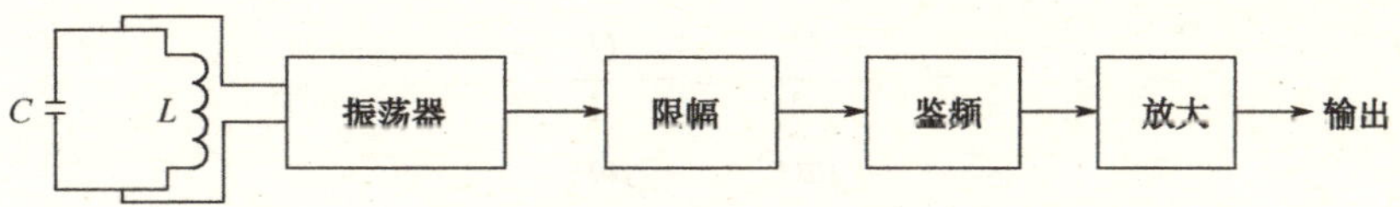

图 3.8　调频测量电路的原理框图

图 3.9 所示为调频测量电路的原理图，其中，C_1 为振荡回路固有电容；C_i 为传感器引线分布电容；ΔC 为被测量变化而引起的电容变化量，则谐振回路的电容为 $C=C_1+C_i+C_0+\Delta C$，当被测信号为 0 时，$\Delta C=0$，则 $C=C_1+C_i+C_0$，所以振荡器有一个固有频率 f_0，其表达式为

$$f_0 = \frac{1}{2\pi\sqrt{L(C_1 + C_i + C_0)}} \tag{3.15}$$

当被测信号不为 0 时，$\Delta C \neq 0$，振荡器频率有相应变化，此时频率为

$$f = \frac{1}{2\pi\sqrt{L(C_1 + C_i + C_0 + \Delta C)}} = f_0 + \Delta f \tag{3.16}$$

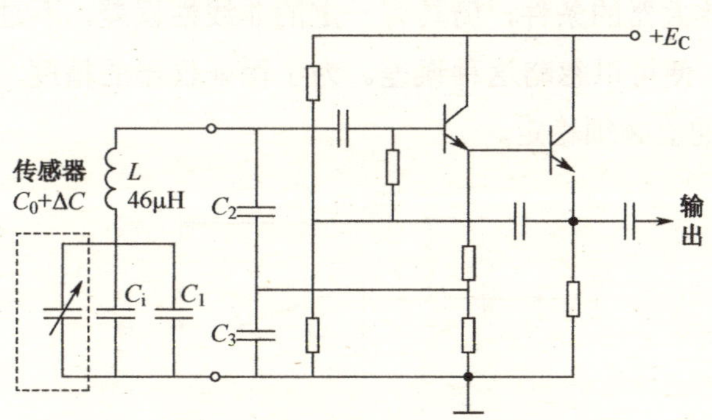

图 3.9　调频测量电路的原理图

虽然可将频率作为测量系统的输出量，用以判断被测量的大小，但此时系统是非线性的，不易校正，因此必须加入鉴频器，将频率的变化转换为电压变化，经过放大就可以用仪器指示器或记录仪记录下来。

调频测量电路具有抗干扰能力强、灵敏度高等优点，可以测量 0.01μm 级位移变化量。信号的输出易于用数字仪器测量，并与计算机通信，可以发送、接收检测数据，以达到遥测、遥控的目的。其缺点是寄生电容对测量精度的影响较大。

2．运算放大器测量电路

运算放大器的放大倍数很大，输入阻抗很高，输出电阻很小，所以运算放大器作为电容式传感器的测量电路是比较理想的。图 3.10 所示为运算放大器测量电路的原理图，其中，C_x 为电容式传感器电容；C 为固定电容；$\dot{U}_i$ 为交流电源电压；$\dot{U}_o$ 为输出信号电压；$\sum$为虚地点。由运算放大器的工作原理可得

$$\frac{\dot{U}_o}{\frac{1}{j\varpi C_x}}=-\frac{\dot{U}_i}{\frac{1}{j\varpi C}} \tag{3.17}$$

所以：

$$\dot{U}_o=-\frac{\dot{U}_i C}{C_x} \tag{3.18}$$

如果传感器采用平板电容，则 $C_x=\frac{\varepsilon S}{d}$，代入式（3.18），可得

$$\dot{U}_o=-\frac{\dot{U}_i C}{\varepsilon S}d \tag{3.19}$$

式（3.19）中的负号表示输出电压的相位与电源电压的相位相反，同时也可以看出运算放大器的输出电压与电容式传感器两极板间的距离 d 呈线性关系。运算放大器测量电路解决了变间隙型电容式传感器的非线性问题，但是实际的运算放大器并不能完全满足理想运算放大器的条件，仍具有一定的非线性误差，不过只要其输入阻抗及放大器增益足够大，便可以忽略这种误差。为了保证仪器的精度，还要求电源电压的幅值和固定电容 C 的值必须稳定。

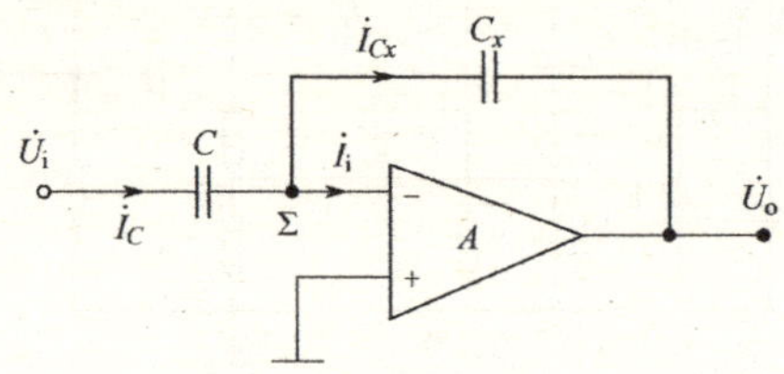

图 3.10　运算放大器测量电路的原理图

3．二极管双 T 形电桥测量电路

图 3.11（a）所示为二极管双 T 形交流电桥测量电路的原理图，其中，e 为高频电源，它提供了幅值为 U 的对称方波；D_1、D_2 为特性完全相同的两只二极管；R_1、R_2 为两个固定电阻，$R_1=R_2=R$；C_1、C_2 为差动电容式传感器。

当传感器没有输入时，$C_1=C_2$。其电路工作原理如下：当 e 为正半周时，二极管 D_1 导通、D_2 截止，其等效电路如图 3.11（b）所示，电源给电容 C_1 充电，并以电流 I_1 向 R_L 供电；同时 C_2 通过电阻 R_2 和负载电阻 R_L 放电，放电电流为 I_2，流经 R_L 的平均电流为 I_1-I_2。当 e 为负半周时，D_2 导通、D_1 截止，其等效电路如图 3.11（c）所示，电源给电容 C_2 充电，并以电流 I_2' 向 R_L 供电；同时电容 C_1 通过电阻 R_1 和负载电阻 R_L 放电，放电电流为 I_1'，流经 R_L 的平均电流为 $I_1'-I_2'$。根据上面所给的条件可知 $I_1=I_2$、$I_1'=I_2'$，因此在一个周期内流过 R_L 的平均电流为零。

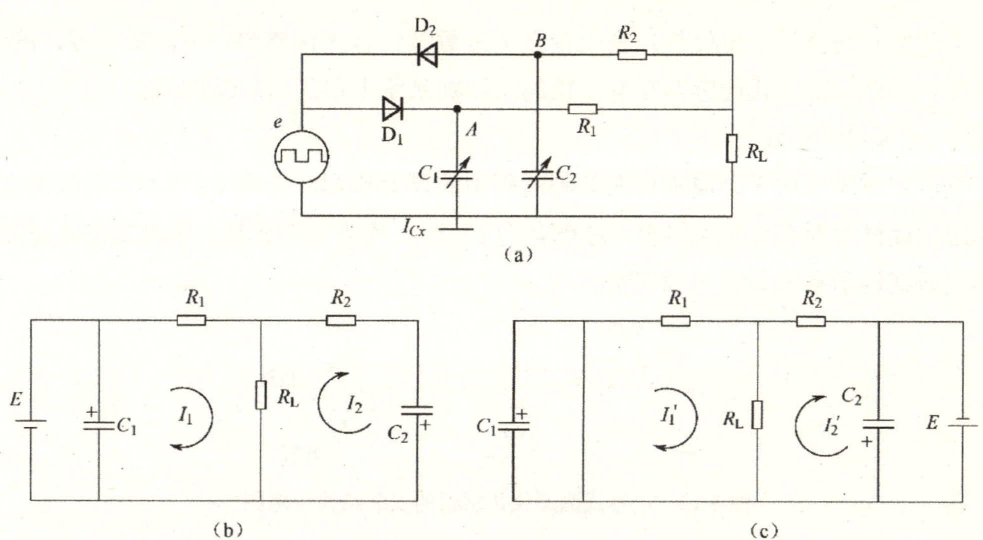

图 3.11　二极管双 T 形交流电桥测量电路的原理图

若传感器输入不为 0，则 $C_1 \neq C_2$、$I_1 \neq I_2$、$I_1' \neq I_2'$，此时在一个周期内通过 R_L 上的平均电流不为零，因此产生输出电压，输出电压在一个周期内的平均值为

$$\overline{U_o} = I_L R_L = \frac{1}{T} R_L \int_0^T [I_1(t) - I_2(t)] dt \approx \frac{R(R + 2R_L)}{(R + R_L)^2} R_L U f (C_1 - C_2) \tag{3.20}$$

式中，f——电源频率。

当 R_L 为已知量时，则 $\frac{R(R + 2R_L)}{(R + R_L)^2} R_L = K$ 为一个常数，所以式（3.20）又可以写为

$$\overline{U_o} = KUf(C_1 - C_2) \tag{3.21}$$

由式（3.21）可知，输出电压不仅与电源电压 U 的幅值大小有关，还与电源频率 f 有关。因此，为保证输出电压正比于电容量的变化，除了要稳定电源电压，还必须稳定电压频率。这种电路最大的优点是线路简单，无须附加其他相敏整流电路，可直接得到直流输出电压。

3.3　电容式传感器的应用

随着新工艺、新材料的问世，以及电子技术的发展，电容式传感器得到了越来越广泛的应用。利用变间隙型电容式传感器，可测量振动、压力；利用变面积型电容式传感

器，可测量直线位移、角位移；利用变介电常数型电容式传感器，可测量湿度、液位、密度等。因此，电容式传感器在自动检测与控制系统中得到了广泛应用。

1. 电容式测厚仪

电容式测厚仪用于金属板材在轧制过程中的厚度检测，C_1和C_2作为定极板放在板材两边，板材作为电容的动极板，总电容为C_1+C_2，作为一个桥臂。电容式测厚仪传感器的安装结构示意图如图 3.12 所示。

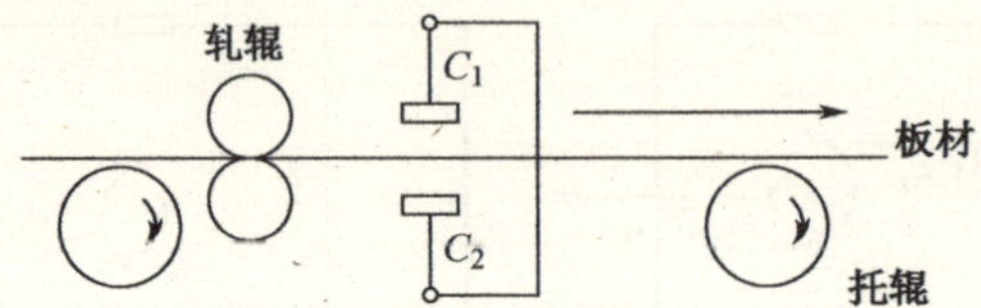

图 3.12　电容式测厚仪传感器的安装结构示意图

如果板材只是上下移动，两个电容的变化为一个增加、另一个减少，总的电容$C_x=C_1+C_2$不变；如果板材的厚度变化使电容C_x发生变化，则电桥将该信号变化输出为电压，经放大器、整流电路变换为直流信号送出处理，显示为厚度变化。

这种传感器具有结构简单、体积小、动态响应性好、温度稳定性好、能实现非接触测量等优点，因而被广泛应用。

2. 电容式荷重传感器

图 3.13 所示为电容式荷重传感器的结构示意图。它是在镍铬钼钢块上加工出一排尺寸相同、距离相等的圆孔，在圆孔内壁上黏结有带绝缘支架的平板电容器，然后将每个圆孔内的电容器并联。当钢块端面承受重力 W 作用时，圆孔将产生变形，从而使每个电容器的极板间距变小，电容量增大。电容量的增值正比于被测载荷 F。

这种传感器的主要优点是，由于受接触面的影响小，测量精度较高。另外，电容器位于钢板的孔内提高了抗干扰能力。它在地球物理、表面状态检测及自动检验和控制系统中得到了广泛应用。

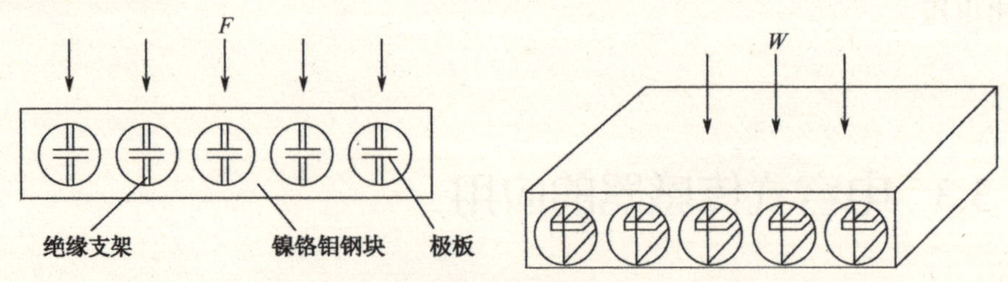

图 3.13　电容式荷重传感器的结构示意图

3. 电容式加速度传感器

图 3.14 所示为电容式加速度传感器的结构示意图。质量块由两个弹簧片支撑，置

于充满空气的壳体内，弹簧较硬使系统的固有频率较高，因此形成惯性式加速度计的工作状态。由于传感器壳体固定在被测振动体上，当测量垂直方向上的加速度时，振动体的振动使壳体相对质量块运动，所以与壳体固定在一起的两块固定极板相对质量块运动，致使上固定极板与质量块的 A 面组成的电容 C_1 的值和下固定极板与质量块的 B 面组成的电容 C_2 的值一个增大、另一个减小，它们的差值正比于被测加速度。由于采用空气阻尼，气体黏度、湿度系数比液体小得多，所以这种加速度传感器的精度较高、频率响应范围宽、量程大，可以测量很大的加速度值。

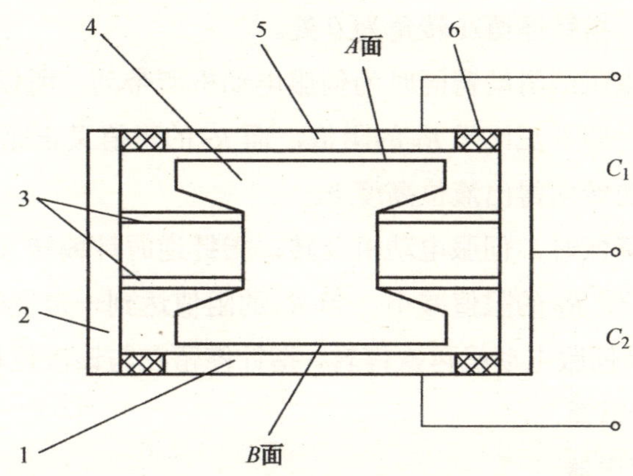

1—下固定极板；2—壳体；3—弹簧片；4—质量块；5—上固定极板；6—绝缘体

图 3.14　电容式加速度传感器的结构示意图

4. 电容式油量表

图 3.15 所示为电容式油量表示意图，可用于测量油箱中的油位。

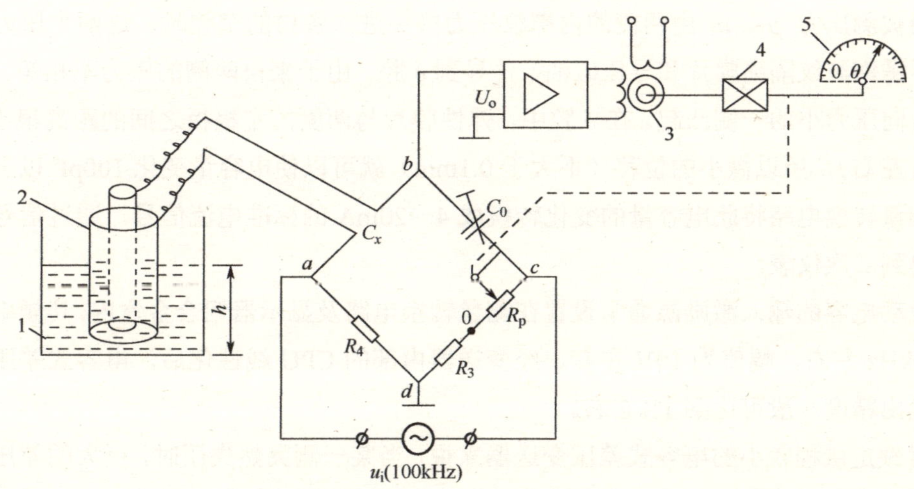

1—油箱；2—圆柱形电容器；3—伺服电动机；4—减速箱；5—油量表

图 3.15　电容式油量表示意图

当油箱中无油时，电容式传感器的电容量C_x=C_{x0}，调节匹配电容使C_0=C_{x0}，使R_4=R_3；并使调零电位器R_P的滑动臂位于0点，即R_P的电阻值为0。此时，电桥满足$C_x/C_0=R_4/R_3$的平衡条件，电桥输出为零，伺服电动机不转动，油量表指针偏转角θ=0。

当油箱中注满油时，液位上升至h处，传感器电容量增大为$C_x=C_{x0}+\Delta C_x$，而ΔC_x与h成正比，此时电桥失去平衡，电桥的输出电压U_o经放大后驱动伺服电动机，再由减速箱减速后带动指针顺时针偏转，同时带动R_P的滑动臂移动，从而使R_P阻值增大，$R_{cd}=R_3+R_P$也随之增大。当R_P的阻值达到一定值时，电桥又达到新的平衡状态，U_o=0，于是伺服电动机停转，指针停留在转角为θ处。

由于指针及可变电阻的滑动臂同时为伺服电动机所带动，所以R_P的阻值与θ间存在着确定的对应关系，即θ正比于R_P的阻值，而R_P的阻值又正比于液位高度h，因此可直接根据刻度盘上的转角得出液位高度h。

当油箱中的油位降低时，伺服电动机反转，指针逆时针偏转（示值减小），同时带动R_P的滑动臂移动，使R_P的阻值减小。当R_P的阻值达到一定值时，电桥又达到新的平衡状态，U_o=0，于是伺服电动机再次停转，指针停留在与该液位相对应的转角θ处。

5. 电容式压力传感器

1）电容式差压变送器

如图3.16所示，电容式差压变送器结构的核心部分是一个变极距差动电容式传感器。

它以热胀冷缩系数很小的两个凹形玻璃圆片上的镀金凹形电极作为定极板，两个镀金凹形电极与夹紧在它们中间的弹性平膜片组成C_1和C_2。

当被测压力p_1、p_2由两侧的内螺纹压力接头进入各自的空腔时，这两个压力通过柔性不锈钢波纹隔离膜片和导压硅油，传导到δ腔。由于来自两侧的压力不相等，弹性平膜片向压力小的一侧凸起。在δ腔中，弹性膜片与两侧的定极板之间的距离很小（为0.5mm左右），所以微小的位移（不大于0.1mm）就可以使电容量变化100pF以上。再通过测量转换电路将此电容量的变化转换成4～20mA的标准电流信号，通过信号电缆线输出到二次仪表。

差动电容的输入激励源通常设置在测量转换电路及显示器铝合金盒内，其频率通常为100kHz左右，幅值为10V左右。经变送器内部的CPU线性化后，电容式差压变送器的输出精度一般可达到1%左右。

对额定量程较小的电容式差压变送器来说，当某一侧突然失压时，巨大的差压有可能将很薄的平膜片压破，所以设置了过压保护悬浮波纹膜片和限位波纹盘，起过压保护作用。

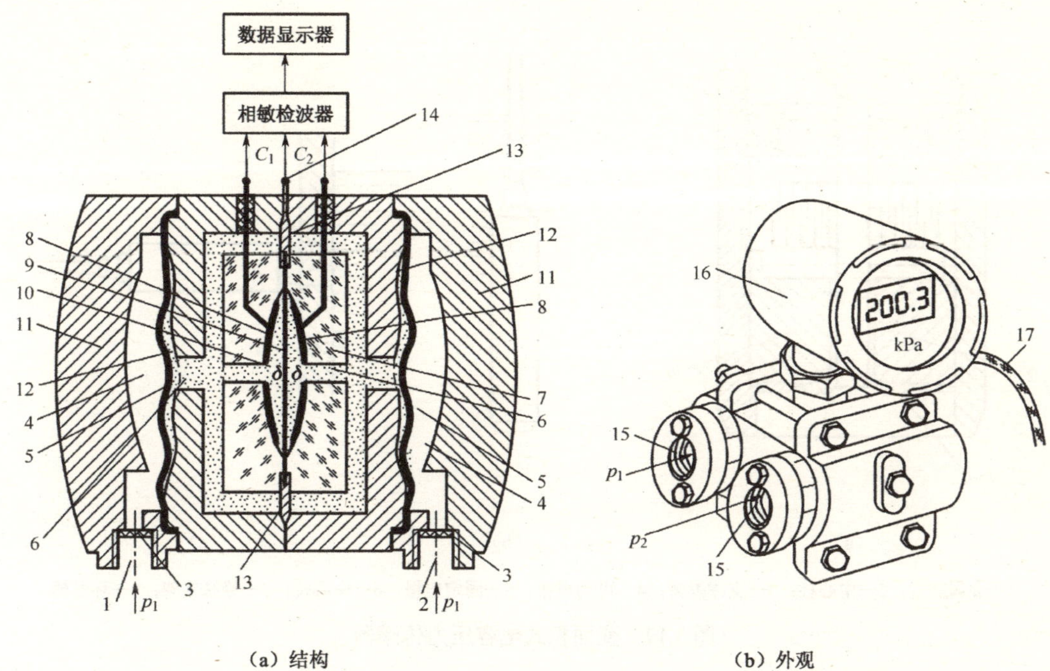

(a) 结构　　(b) 外观

1—高压侧进气口；2—低压侧进气口；3—过滤片；4—空腔；5—柔性不锈钢波纹隔离膜片；
6—导压硅油；7—凹形玻璃圆片；8—镀金凹形电极（定极板）；9—弹性平膜片；10—δ 腔；11—铝合金外壳；
12—限位波纹盘；13—过压保护悬浮波纹膜片；14—公共参考端（地电位）；15—螺纹压力接头；
16—测量转换电路及显示器铝合金盒；17—信号电缆

图 3.16　电容式差压变送器

2）变面积式电容压力传感器

变面积式电容压力传感器的结构示意图如图 3.17（a）所示。被测压力作用在金属膜片上，通过中心柱、支撑弹簧使可动电极随膜片中心位移而运动。可动电极和固定电极都是由金属材质切削成的同心环形槽构成的，有套筒状突起，端面呈梳齿形，电容量由两电极交错重叠部分的面积决定。

固定电极板和外壳通过绝缘支架绝缘，可动电机则与外壳导通，压力引起的电极间电容变化由中心柱引至电子线路，变为直流信号输出。电子线路与上述可变电容安装在同 外壳中，整体结构紧凑。

这种传感器可利用软导线悬挂在被测介质中，如图 3.22（b）所示；也可用螺纹或法兰安装在容器壁上，如图 3.22（c）所示。

这种传感器的测量范围固定，不能随意改变，而且因其膜片背面为无防腐能力的封闭空间，不可与被测介质接触，故只限于测量压力，不能测量差压。

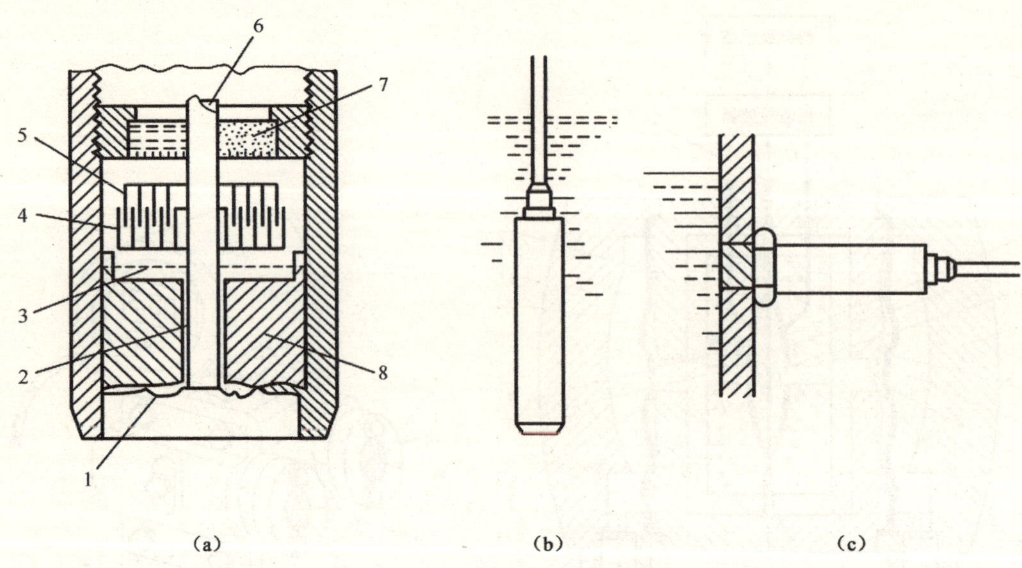

1—金属膜片；2—中心柱；3—支撑弹簧；4—可动电极；5—固定电极；6—中心柱；7—绝缘支架；8—环形槽

图 3.17　变面积式电容压力传感器

思考题与习题 3

1．电容式传感器的电容受哪 3 个参数影响，根据改变的参数不同传感器可分为哪 3 种类型？

2．变间隙型电容式传感器的工作原理是什么？该类型传感器的灵敏度是多少？

3．什么是差动结构的变间隙型电容式传感器？和普通结构的变间隙型电容式传感器有什么区别？

4．变面积型电容式传感器分为哪两种？它们的工作原理分别是什么？

5．调频测量电路的工作原理是什么？

6．运算放大器测量电路输出电压是多少？这种测量电路最适合哪种类型的电容式传感器？

7．电容式传感器有哪些特点？又有哪些缺点？

8．电容式测厚仪的测量原理是什么？它应用了哪种类型的电容式传感器？

9．电容式油量表的测量原理是什么？它应用了哪种类型的电容式传感器？

10．电容式差压变送器的测量原理是什么？它应用了哪种类型的电容式传感器？

chapter 4

第 4 章　电感式传感器

4.1　自感式传感器

电感式传感器根据其工作原理可分为自感式传感器、互感式传感器和电涡流式传感器。

自感式传感器是利用线圈自感系数的变化来实现非电量测量的一种装置。利用自感式传感器，能对位移、压力、振动、荷重等参数进行测量。它具有灵敏度较高、输出信号较大等优点，因此在机电控制系统中得到了广泛的应用。

4.1.1　自感式传感器的工作原理和类型

1. 自感式传感器的工作原理

自感式传感器是利用电磁感应原理将非电量的变化转化为线圈的自感量的变化，再通过测量电路将自感量的变化转换为电压、电流或频率的变化，从而实现对被测物体物理量的测量。其主要结构由线圈、铁芯和衔铁组成，铁芯和衔铁由导磁材料（如硅钢片）制成，在铁芯和衔铁之间有空气气隙，被测物体与衔铁相连。当被测物体物理量的变化使衔铁移动时，气隙厚度发生改变引起磁阻变化，从而引起电感线圈的电感量发生变化，测量电感量就可以知道衔铁位移量的大小。自感式传感器的外形如图 4.1 所示。

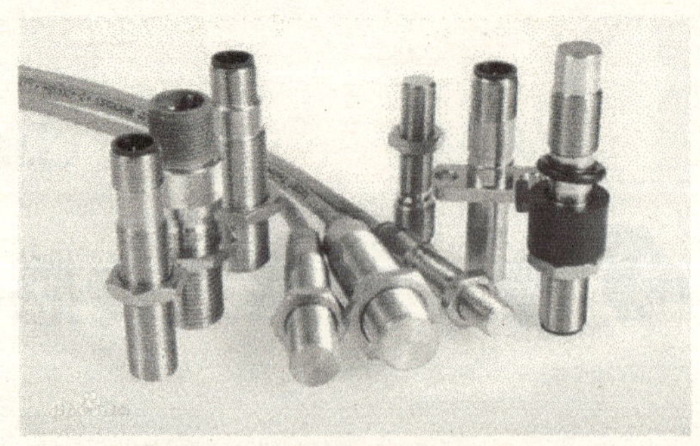

图 4.1　自感式传感器的外形

将一只 36V 的交流接触器绕组与交流毫安表串联后，接到 36V 的交流电压源上。毫安表的初始值约为几十毫安。若将接触器的活动铁芯慢慢向下按时，毫安表的读数逐渐减小。当衔铁向下移动接触到固定铁芯时，毫安表的读数仅为十几毫安。自感式传感器的工作原理如图 4.2 所示

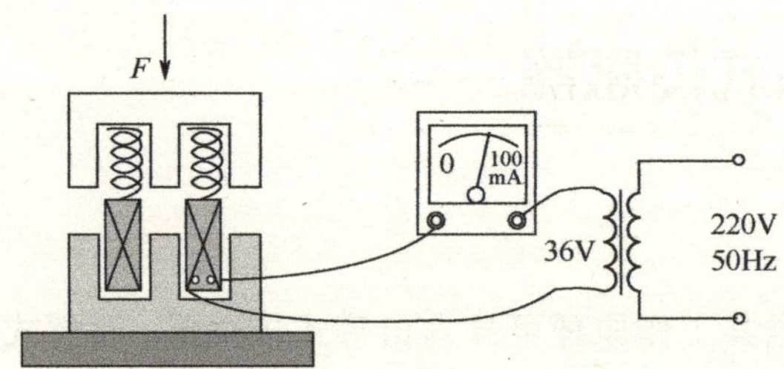

图 4.2　自感式传感器的工作原理

由电路知识可知，当忽略绕组的直流电阻时，流过绕组的交流电流为

$$i = \frac{u}{Z} \approx \frac{u}{X_L} = \frac{u}{2\pi fL} \tag{4.1}$$

式中，i——流过绕组的电流；

u——绕组的电压；

Z——绕组的阻抗；

X_L——绕组的感抗；

f——交流电的频率；

L——绕组的电感。

根据磁路的基本知识，线圈的自感为

$$L \approx \frac{N^2 \mu_0 A}{2\delta} \tag{4.2}$$

式中，N——线圈的匝数；

μ_0——真空磁导率，$\mu_0=4\pi\times10^{-7}$H/m；

A——空气气隙的有效截面积；

δ——空气气隙的厚度。

磁路的磁阻为

$$R_m \approx \frac{2\delta}{\mu_0 A} \tag{4.3}$$

当铁芯空气气隙的厚度较大时，磁路的磁阻 R_m 也较大，线圈的电感 L 及感抗 X_L 较小，电流 i 较大。当铁芯闭合时，空气气隙的厚度 δ 变小，磁阻 R_m 变小，电感 L 变大，电流 i 减小。

2．自感式传感器的类型

自感式传感器根据其结构可分为变气隙式、变截面式、螺线管式 3 种类型，如图 4.3 所示。

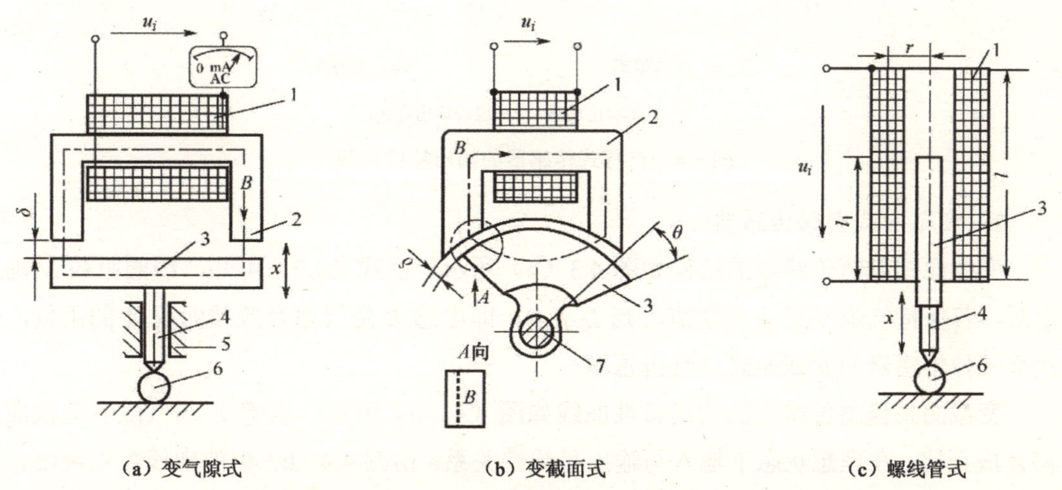

（a）变气隙式　　（b）变截面式　　（c）螺线管式

1—绕组；2—铁芯；3—衔铁；4—测杆；5—导轨；6—工件；7—转轴

图 4.3　自感式传感器常见的类型

1）变气隙式自感传感器

如图 4.3（a）所示，传感器工作时衔铁与被测物体相连。当被测物体按图中方向产生位移时，衔铁与其同步移动，衔铁和铁芯之间的气隙发生变化，引起磁路中气隙磁阻产生相应的变化，从而引起线圈的电感量产生变化。因此，只要测出自感量的变化，就能确定衔铁位移量的大小和方向。这就是闭合磁路变气隙式自感传感器的工作原理，其输出特性曲线如图 4.4（a）所示。

由于气隙的磁阻远大于铁芯和衔铁的磁阻，所以在定量计算时可忽略铁芯和衔铁的磁阻。因此，自感线圈的电感量按式（4.2）计算，此时的灵敏度 K 为

$$K=\frac{\mathrm{d}L/L}{\mathrm{d}\delta}=\frac{\mathrm{d}\delta/\delta}{\mathrm{d}\delta}=\frac{1}{\delta} \tag{4.4}$$

由式（4.2）可见，在线圈匝数 N 确定后，若保持气隙的有效截面积 A 为常数，则 $L=f(\delta)$，即电感 L 是气隙厚度 δ 的函数，如图 4.4（a）所示，电感 L 与气隙厚度 δ 成反比，输入与输出呈非线性关系。由式（4.4）看出，δ 越小，灵敏度 K 越高。

由图 4.4（a）可以看出，为了保证输出特性的线性度，变气隙式自感传感器仅能在很小的一段区域内工作，因此只能用于微小位移的测量。

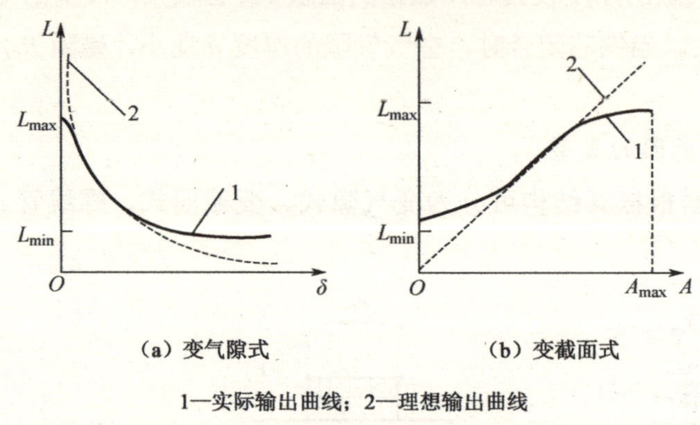

（a）变气隙式　　（b）变截面式

1—实际输出曲线；2—理想输出曲线

图 4.4　自感式传感器的输出特性曲线

2）变截面式自感传感器

变截面式自感传感器的结构如图 4.3（b）所示。由式（4.2）可知，线圈匝数 N 确定后，若保持气隙厚度 δ 为常值，则 $L=f(A)$，即电感 L 是气隙有效截面积 A 的函数，故称这种传感器为变截面式自感传感器。

变截面式自感传感器的输出特性曲线如图 4.4（b）所示，电感 L 与气隙有效截面积 A 成正比，在理想状态下输入与输出呈线性关系。由图 4.4（b）中的虚线可以看出，灵敏度 K_1 为一常数。但是，由于漏感等原因，它的特性曲线并非是线性的，而且它的线性区较小，灵敏度较低。

3）螺线管式自感传感器

螺线管式自感传感器的结构如图 4.3(c)所示。螺线管式自感传感器的工作原理是：当传感器工作时，衔铁随被测物体移动，导致衔铁在线圈中的伸入长度发生变化，从而引起线圈电感量的变化，即线圈的电感量与衔铁插入的深度有关。当衔铁在螺线管的中间工作时，可认为线圈内磁感应强度是均匀的，此时线圈电感量 L 与衔铁插入深度近似成正比。

这种传感器结构简单、制作容易，但灵敏度稍低，且只有衔铁在螺线管的中间工作时，电感量和位移才有可能呈线性关系。此传感器适合测量较大的位移。

4.1.2　自感式传感器的测量电路

自感式传感器的测量电路有交流电桥式、变压器式、谐振式等类型。测量电路的作用是，将电感量变化转换成电压或电流信号，再送入放大器进行放大，最后用仪表指示出来或记录下来。

1．交流电桥式测量电路

交流电桥式测量电路如图 4.5 所示，把传感器的两个线圈作为电桥的两个桥臂 Z_1 和 Z_2，另外两个相邻的桥臂用纯电阻代替。对于高 Q 值（$Q=\omega L/R$）的差动式电感传感器，当传感器衔铁上移时，两个线圈的电感量发生变化，相应的阻抗变化为 $Z_1=Z+\Delta Z$，$Z_2=Z-\Delta Z$，其输出电压为

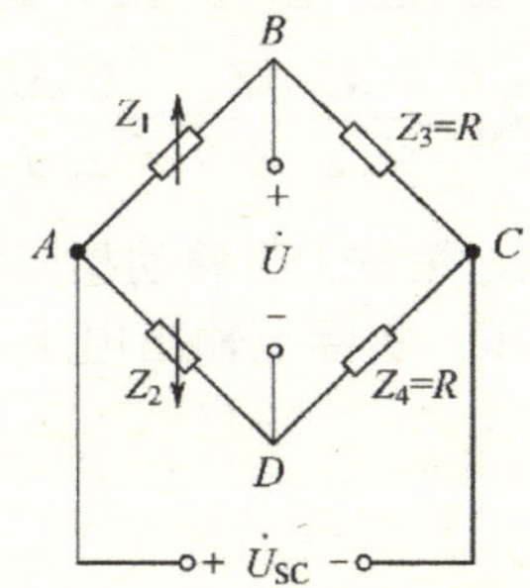

图 4.5　交流电桥式测量电路

$$\dot{U}_{SC}=\frac{\dot{U}}{2}\frac{\Delta Z}{Z}=\frac{\dot{U}}{2}\frac{j\varpi\Delta L}{R_0+j\varpi L_0}\approx\frac{\dot{U}}{2}\frac{\Delta L}{L_0} \tag{4.5}$$

式中，L_0——衔铁在中间位置时单个线圈的电感；

ΔL——两线圈电感的差量。

将 $\Delta L=2L_0(\Delta\delta/\delta_0)$代入式（4.5），得

$$\dot{U}_{SC}=\dot{U}\frac{\Delta\delta}{\delta_0}$$

由此可见，电桥的输出电压与衔铁位移引起的气隙变化量 $\Delta\delta$ 有关。

2．变压器式测量电路

变压器式测量电路如图 4.6 所示，电桥的两个桥臂 Z_1 和 Z_2 为传感器线圈阻抗，另外两个桥臂为交流变压器二次线圈的 1/2 阻抗。当负载阻抗为无穷大时，桥路输出电压为

$$\dot{U}_{SC}=\frac{Z_1}{Z_1+Z_2}\dot{U}-\frac{\dot{U}}{2}=\frac{Z_1-Z_2}{Z_1+Z_2}\frac{\dot{U}}{2} \tag{4.6}$$

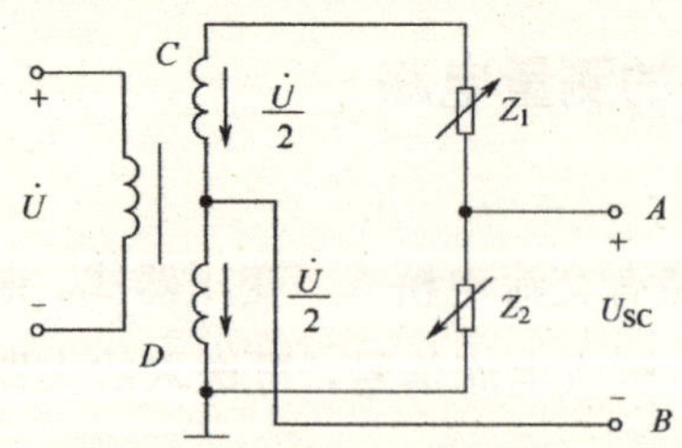

图 4.6　变压器式测量电路

当传感器的衔铁处于中间位置时，即 $Z_1=Z_2=Z$，此时有 $\dot{U}_{SC}=0$，电桥平衡。

当传感器衔铁上移时，即 $Z_1=Z+\Delta Z$，$Z_2=Z-\Delta Z$，此时有

$$\dot{U}_{SC}=\frac{\dot{U}}{2}\frac{\Delta Z}{Z}=\frac{\dot{U}}{2}\frac{\Delta L}{L} \tag{4.7}$$

当传感器衔铁下移时，即 $Z_1=Z-\Delta Z$，$Z_2=Z+\Delta Z$，此时有

$$\dot{U}_{SC}=-\frac{\dot{U}}{2}\frac{\Delta Z}{Z}=-\frac{\dot{U}}{2}\frac{\Delta L}{L} \tag{4.8}$$

由式（4.7）及式（4.8）可知，衔铁上下移动相同距离时，输出电压的大小相等、方向相反，但由于 $\dot{U}_{SC}$ 是交流电压，实际上输出电压无法反映被测量位移的方向，必须配合相敏检波电路来解决。

3．谐振式测量电路

谐振式测量电路分为谐振式调幅电路（如图 4.7 所示）和谐振式调频电路（如图 4.8 所示）。

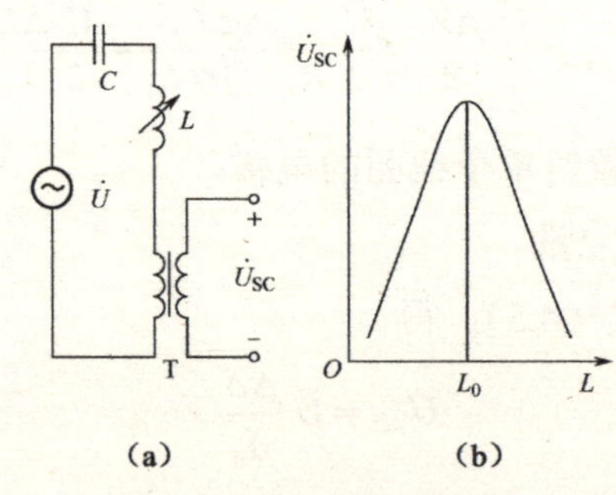

图 4.7　谐振式调幅电路

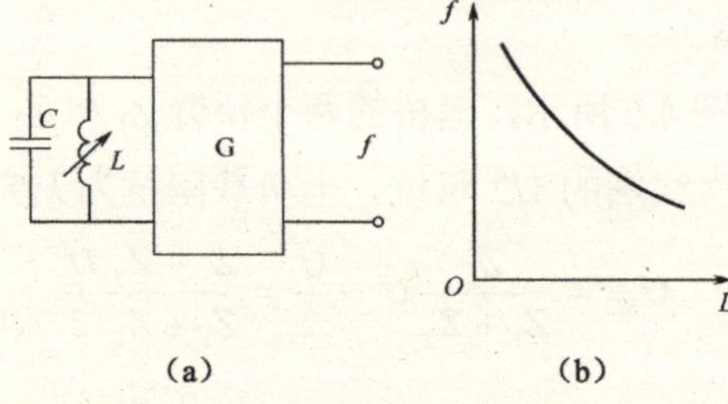

图 4.8　谐振式调频电路

调频电路的基本原理是，传感器电感 L 变化引起输出电压频率 f 的变化，一般把传感器电感 L 和一个固定电容 C 接入一个振荡回路，其振荡频率为

$$f = \frac{1}{2\pi\sqrt{LC}}$$

当 L 变化时，振荡频率随之变化，根据 f 的大小可得出电感量 L，即可测出被测量的值。如图 4.8（b）所示，f 与 L 的特性具有明显的非线性关系。

4．相敏检波电路

检波是指从已调信号中检出调制信号的过程，可以将交流信号转换为直流信号，它的作用是将电感量的变化转换成直流电压或电流，以便用仪表指示出来。若只采用电桥电路配以普通的检波电路，则只能判别输出电压的幅值（位移的大小），无法判别输出电压的相位（位移的方向）。如果在输出电压到达指示仪表之前，经过一个能判别相位的检波电路，则不但可以反映输出电压的幅值（位移的大小），还可以反映输出电压的相位（位移的方向），这种检波电路被称为相敏检波电路。

图 4.9 所示为相敏检波电路，4 个特性相同的二极管 VD_1、VD_2、VD_3、VD_4 串联成一个回路，4 个节点 1～4 分别接到两个变压器 A 和 B 的二次线圈上。变压器 A 的输入为放大了的差动变压器的输出信号，而其输出为 $u=u_1+u_2$；变压器 B 的输入信号为 u_0，称为检波器的参考信号，它和差动变压器的激励电压共用一个电源。R_f 为连接在两个变压器次级线圈的中点之间的负载电阻。

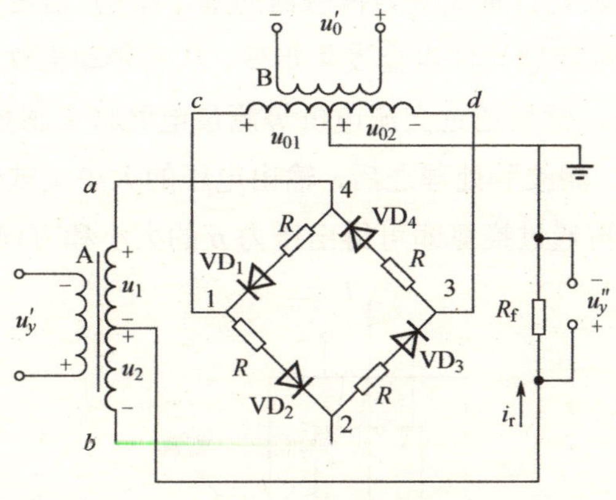

图 4.9　相敏检波电路

通过相敏检波电路，当衔铁在零点以上移动时，不论载波是在正半周还是在负半周，负载电阻 R_f 上得到的电压始终为正的信号；当衔铁在零点以下移动时，负载电阻 R_f 上得到的电压始终为负的信号。即正位移输出正电压，负位移输出负电压，电压值的大小表明位移的大小，电压值的正负表明位移的方向。因此，原来呈“V”形的输出特性曲

线（如图 4.10（a）所示）就变成过零点的一条直线（如图 4.10（b）所示）。采用相敏检波电路得到的输出信号，既能反映位移的大小，也能反映位移的方向。

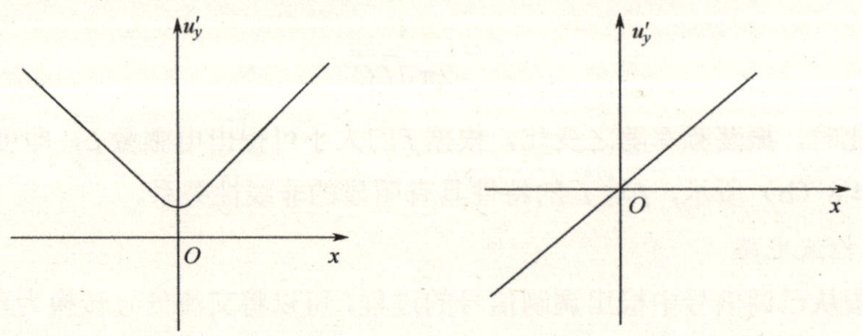

（a）非相敏检波输出电压特性曲线　　（b）相敏检波后实际输出特性曲线

图 4.10　输出特性曲线对比

4.1.3　自感式传感器的应用

自感式传感器一般用于接触式测量，静态和低频动态测量均可。它主要用于位移、压力、振动、荷重、流量、液位等参量的测量，其灵敏度较高（目前可测量 0.1μm 的直线位移）、输出信号较大，但是线性度不好、功率消耗大、测量范围较小。

1. 变气隙式自感式压力传感器

图 4.11 所示为变气隙式自感式压力传感器的基本结构。当被测压力 p 发生变化时，与传感器衔铁相连的弹性敏感元件也会发生形变，从而带动衔铁产生位移，使传感器线圈的电感量 L 发生变化，然后通过交流电桥等测量电路将电感量 L 的变化转换成电压的变化，经过相敏整流、滤波等处理之后，输出电压的大小反映衔铁位移的大小，相位反映衔铁位移的方向，再通过换算即可得出压力 p 的大小和方向。

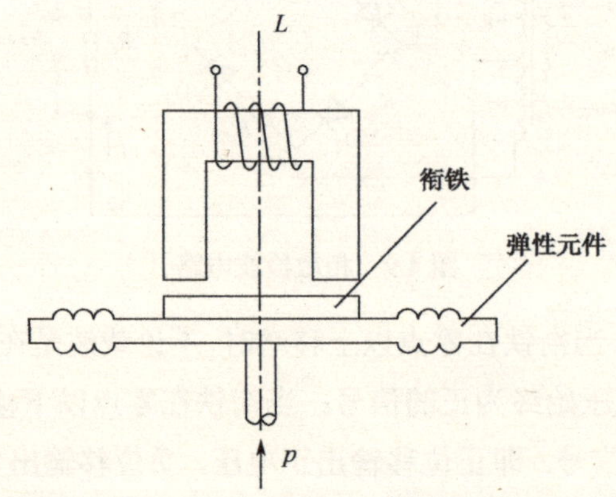

图 4.11　变气隙式自感式压力传感器的基本结构

2. 螺线管式自感差压传感器

图 4.12 所示为螺线管式自感差压传感器的基本结构。当被测压力 $p_1=p_2$（即压差 $\Delta p=0$）时，弹性膜片没有感受应变，铁芯的位移 $x=0$，两个线圈的电感量相等，交流电桥的输出为零。当被测压力 $p_1 \neq p_2$ 时，弹性膜片感受压力差产生应变，通过连杆带动铁芯移动，使两个线圈的电感量发生大小相等、方向相反的变化，交流电桥输出具有位移 x 包络的调幅波，该调幅波经放大、相敏检波和滤波等处理之后，输出的信号不仅能反映位移 x 的大小，还能反映位移 x 的方向，即反映压差 Δp 的大小和方向。

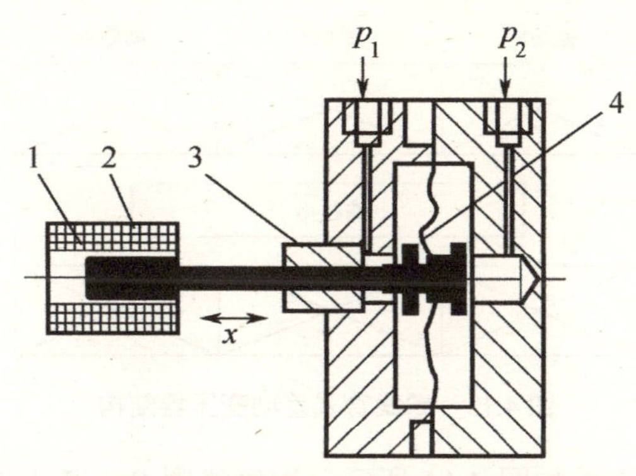

1—铁芯；2—线圈；3—连杆；4—弹性膜片

图 4.12 螺线管式自感差压传感器的基本结构

4.2 差动变压器

4.1 节介绍的自感式传感器是把被测量的变化转换为电感线圈自感的变化，从而实现对非电量参数的测量，互感式传感器则是把被测量的变化转换为线圈互感变化的传感器。由于其原理类似于变压器的工作原理，且其副边接成差动结构，所以也称为差动变压器。

差动变压器的结构形式很多，按工作方式分类有变气隙式、变面积式和螺线管式；按结构形式分类有两段式、三段式、四段式和五段式等。目前应用最广泛的是螺线管式差动变压器。它可以测量 1～100mm 的机械位移，并且有测量精度高、灵敏度高、结构简单、性能可靠等优点，因此被广泛应用于非电量的测量。

4.2.1 差动变压器的结构与工作原理

螺线管式差动变压器结构如图 4.13 所示。它由一个初级线圈 P，两个次级线圈 S_1、S_2，骨架，以及插入线圈中央的圆柱形铁芯 b 四部分组成。初级线圈，也称原边或一次线圈；次级线圈，也称副边或二次线圈。副边有两个，相互反接，构成差动结构。原边和副边线圈绕于骨架上，骨架用塑料制成。可动部分铁芯由良导磁材料制成，与被测对象相连。

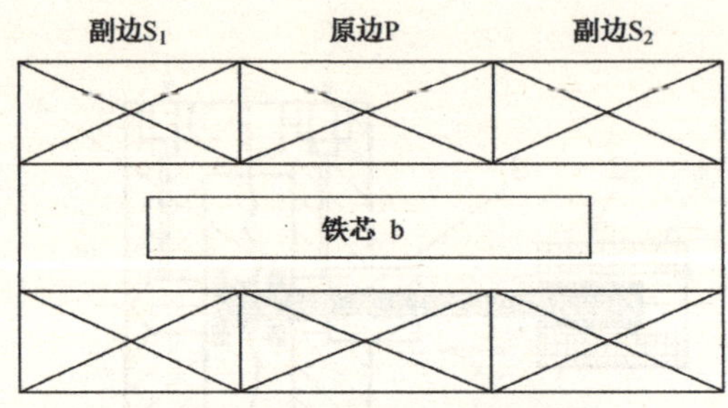

图 4.13 螺线管式差动变压器结构

差动变压器的电路连接如图 4.14 所示。次级线圈 S_1、S_2 反向串联。当初级线圈 P 加上某一频率的正弦电压 $\dot{U}$ 后，次级线圈产生感应电压 $\dot{U}_1$ 和 $\dot{U}_2$，它们的大小与铁芯在线圈内的位置有关。$\dot{U}_1$ 和 $\dot{U}_2$ 反极性连接，所以输出电压 $\dot{U}_o$ 为两电压之差，即 $\dot{U}_o=\dot{U}_1-\dot{U}_2$。

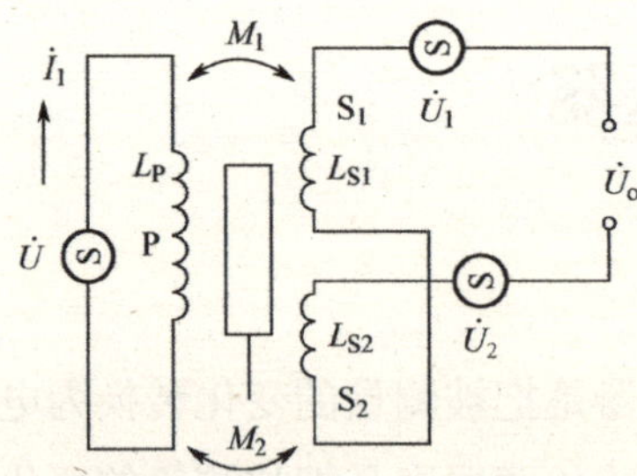

图 4.14 差动变压器的电路连接

（1）当铁芯位于线圈中心位置时：

$$M_1=M_2 \quad \dot{U}_1=\dot{U}_2 \quad \dot{U}_o=0$$

（2）当铁芯向上移动时：

$$M_1>M_2 \quad \dot{U}_1>\dot{U}_2 \quad \dot{U}_o>0$$

（3）当铁芯向下移动时：

$$M_1<M_2 \quad \dot{U}_1<\dot{U}_2 \quad \dot{U}_o<0$$

由上述分析可知，当铁芯偏离中心位置时，输出电压$\dot{U}_o$随铁芯的移动而变化，$\dot{U}_1$和$\dot{U}_2$逐渐加大，但相位相差 180°。差动变压器输出电压波形如图 4.15 所示，即输出电压$\dot{U}_o$不仅与铁芯位移大小有关，还与位移的方向有关。当铁芯处于中间平衡位置时，$\dot{U}_1=\dot{U}_2$，$\dot{U}_o=0$。但实际上$\dot{U}_o\neq 0$，而是有一个小电压$\dot{U}_x$，称之为零点残余电压。$\dot{U}_o$一般在几十毫伏以下，在实际使用时，必须设法减小$\dot{U}_o$，否则会影响传感器的测量结果。

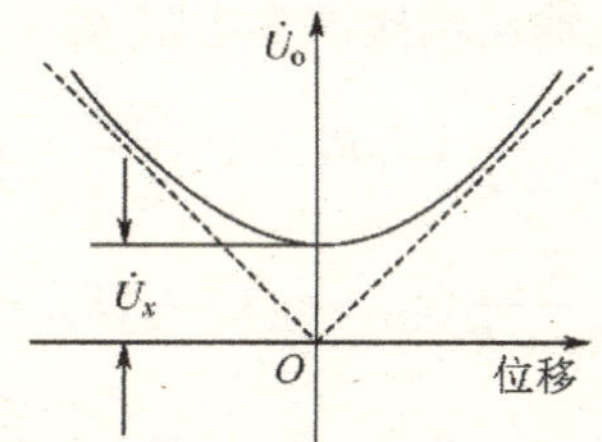

图 4.15　差动变压器输出电压波形

4.2.2　差动变压器的测量电路

差动变压器输出的是交流电压，若用交流电压表来测量，只能反映铁芯位移的大小，反映不了位移的方向。另外，测量值中还包含零点残余电压，会造成误差。为了达到既能辨别位移方向又能消除零点残余电压的目的，实际测量时，常常采用两种专门的测量电路：差动整流电路和相敏检波电路。

1．*差动整流电路*

差动整流电路是把差动变压器的两个次级电压分别整流，然后将它们的整流电压或电流的差值作为输出值。现以电压输出型全波差动整流电路为例，说明其工作原理。差动整流电路如图 4.16 所示。

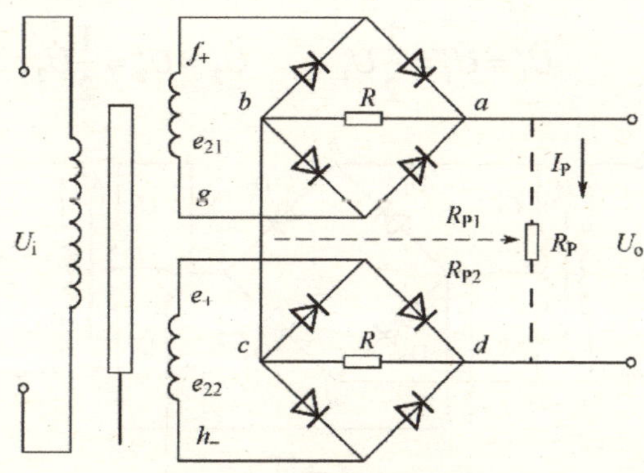

图 4.16　差动整流电路

由图 4.16 可知，无论两个次级线圈的输出瞬时电压极性如何，流经两个电阻 *R* 的

电流总是从 a 到 b、从 d 到 c，故整流电路的输出电压为

$$U_o = U_{ab} - U_{dc} = \frac{e_{21}R}{2R_P + R} - \frac{e_{22}R}{2R_P + R} = \frac{R}{2R_P + R}(e_{21} - e_{22}) = k(e_{21} - e_{22}) \tag{4.9}$$

如果铁芯处于中间平衡位置时，$e_{21}=e_{22}$，则 $U_o=0$。

如果存在零点残余电压，即使铁芯处于中间平衡位置时，也有 $e_{21}\neq e_{22}$，使 $U_o\neq 0$。

为了消除零点残余电压，在输出端接调零电阻 R_P（如图中虚线所示），此时：

$$\begin{aligned} U_o &= \frac{e_{21}R}{2R_P + R} + I_P R_{P1} - \left(\frac{e_{22}R}{2R_P + R} + I_P R_{P2}\right) \\ &= \frac{R}{2R_P + R}(e_{21} - e_{22}) + I_P(R_{P1} - R_{P2}) \end{aligned} \tag{4.10}$$

当铁芯处于中间平衡位置时，如果 $e_{21}=e_{22}$，则电位器 R_P 的滑动触头置于 R_P 的中间位置，$R_{P1}=R_{P2}$，使 $U_o=0$。

如果 $e_{21}>e_{22}$，产生零点残余电压，使 $U_o>0$，则将滑动触头上移，使 $R_{P1}<R_{P2}$，调至 $U_o=0$，即可消除零点残余电压。

如果 $e_{21}<e_{22}$，产生零点残余电压，使 $U_o<0$，则将滑动触头下移，使 $R_{P1}>R_{P2}$，调至 $U_o=0$，即可消除零点残余电压。

调零后，R_P 的滑动触头固定不动。因此，采用差动整流电路可以消除零点残余电压。

2．二极管差动相敏检波电路

图 4.17 所示为二极管全波差动相敏检波电路：$\dot{U}_1$ 为差动变压器输入电压；$\dot{U}_2$ 为参考电压；$\dot{U}_1$ 与 $\dot{U}_2$ 频率相同，$\dot{U}_1 < \dot{U}_2$，$U_2\approx(3\sim5)U_1$，二极管 D_1、D_2、D_3、D_4 性能相同，导通时有

$$R_{D1}=R_{D2}=R_{D3}=R_{D4}=R_D$$

则

$$\dot{U}_1' = \dot{U}_1'' = \frac{1}{2}\dot{U}_1 \qquad \dot{U}_2' = \dot{U}_2'' = \frac{1}{2}\dot{U}_2$$

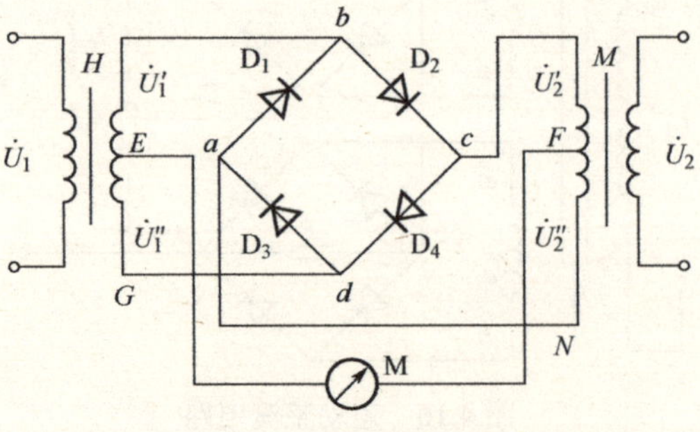

图 4.17　二极管全波差动相敏检波电路

工作原理分析如下。

（1）当$\dot{U}_1=0$时，即铁芯处于中间平衡位置时，只有$\dot{U}_2$起作用。

$\dot{U}_2$在正半周时，D_3、D_4导通，电流i_3和i_4以不同方向流过电表 M，只要$\dot{U}_2'=\dot{U}_2''$且D_3、D_4性能相同，通过电表 M 的电流$I_m=0$，所以输出为零。$\dot{U}_2$在负半周时，D_1、D_2导通，i_1和i_2相反，通过电表 M 的电流$I_m=0$，所以输出为零。如果存在零位电压，可调节F点，使$I_m=0$。

（2）当$\dot{U}_1\neq 0$时，分两种情况来分析。

第一种情况，$\dot{U}_1$与$\dot{U}_2$同相位。当$\dot{U}_1$和$\dot{U}_2$同处于正半周时，电路中电压极性如图 4.18 所示，由于$\dot{U}_2>\dot{U}_1$，故仍旧以$\dot{U}_2$为基准进行讨论。D_3、D_4导通，但作用于D_4两端的信号是$\dot{U}_2+\dot{U}_1$，因此i_4较大，而作用于D_3两端的电压为$\dot{U}_2-\dot{U}_1$，所以i_3较小，则I_m为正。当$\dot{U}_1$和$\dot{U}_2$同处于负半周时，D_1、D_2导通，此时，在$\dot{U}_1$和$\dot{U}_2$作用下，i_1增加而i_2减小，流过电表 M 的电流I_m也为正，故在一周内流过电表 M 的电流I_m始终为正。

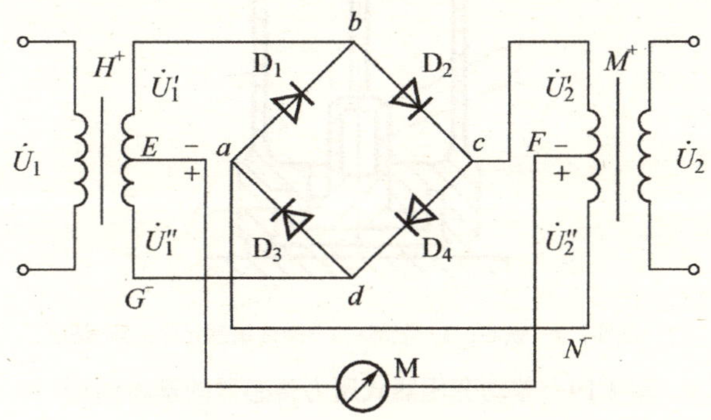

图 4.18　电压同相时电路中电压极性

第二种情况，$\dot{U}_1$与$\dot{U}_2$反相位。当$\dot{U}_2$为正半周、$\dot{U}_1$为负半周时，D_3、D_4导通，但i_3将增加而i_4减小，通过电表 M 的电流I_m是负的。当$\dot{U}_2$为负半周、$\dot{U}_1$为正半周时，D_1、D_2导通，但i_2将增加而i_1减小，通过电表 M 的电流I_m也是负的。故在一周内流过电表 M 的电流I_m始终是负的。

所以，上述相敏检波电路可以根据流过电表的平均电流的大小和方向判别差动变压器的位移大小和方向。

4.2.3　差动变压器的应用

差动变压器的应用特点与自感式传感器的应用特点类似，主要用于位移、加速度、力、压力、应变、流量、密度等参数的测量。其特点在于精度高（可达 0.1μm 数量级，最高可达 0.01μm），非线性误差小（高精度型非线性误差可达 0.1%），线性范围大（可达±100mm），稳定性好，结构简单，使用方便，但其频率响应较低，不宜测量高频动态参量。

1．*差动变压器式压力传感器*

差动变压器的铁芯与弹性敏感元件相连，弹性敏感元件感受被测压力而产生应变，带动铁芯移动，使差动变压器的输出电压发生变化，再通过差动整流、相敏检波等测量电路处理，输出电压的大小可以反映铁芯位移的大小，输出电压的相位可以反映铁芯位移的方向，再通过换算即可得出压力 p 的大小和方向。差动变压器式压力传感器的基本结构如图 4.19 所示，其弹性敏感元件为空心圆柱，通常用于较大压力的测量。

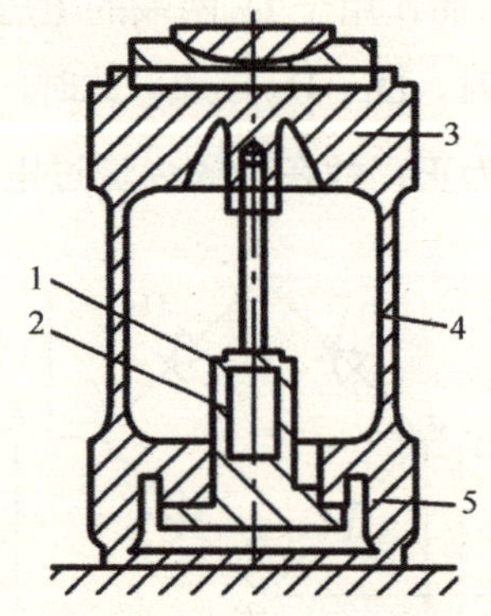

1—线圈；2—铁芯；3—上部；4—弹性敏感元件；5—基座

图 4.19　差动变压器式压力传感器的基本结构

2．*差动变压器式加速度传感器*

差动变压器式加速度传感器的基本结构如图 4.20 所示，其工作原理是：通过质量弹簧惯性系统将被测加速度转换成力，作用在弹性元件上，使弹性元件产生变形，进而带动差动变压器的铁芯移动，使传感器的输出信号变化与加速度的变化一致。

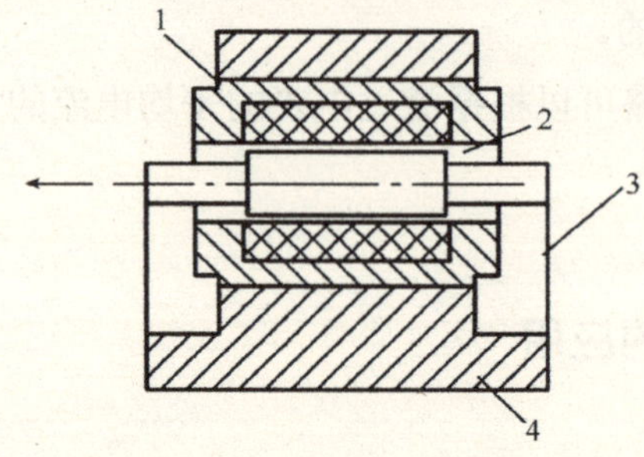

1—差动变压器；2—质量块；3—弹簧片；4—壳体

图 4.20　差动变压器式加速度传感器的基本结构

4.3　电涡流传感器

4.3.1　电涡流传感器的工作原理

电涡流传感器是利用电涡流效应把被测量的变化转换为传感器线圈阻抗的变化从而进行测量的一种装置。电涡流传感器的外形如图 4.21 所示。

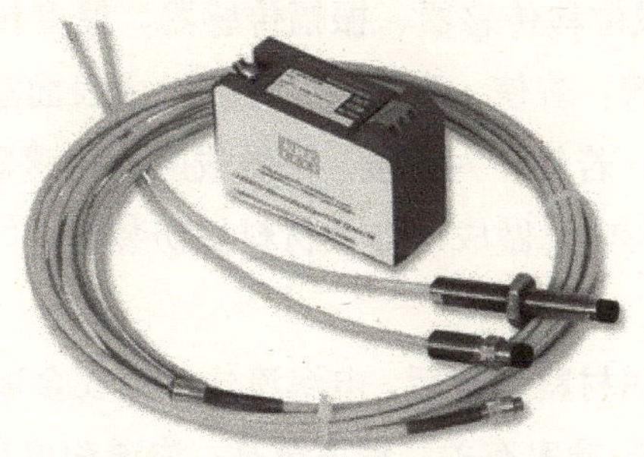

图 4.21　电涡流传感器的外形

当金属导体置于变化磁场中或在磁场中做切割磁力线运动时，在金属导体内会产生旋涡状的感应电流，该电流被称为电涡流。电涡流的产生必然要消耗一部分能量，从而使产生磁场的线圈阻抗发生变化，这一现象被称为电涡流效应，电涡流传感器的工作原理如图 4.22 所示。

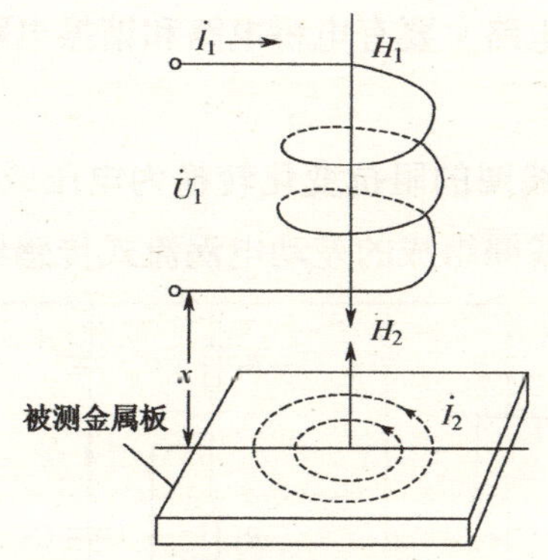

图 4.22　电涡流传感器的工作原理

在传感器线圈上施加高频（几兆赫以上）电压 $\dot{U}_1$，产生交变电流 I_1，由于电流的周期性变化，在线圈周围会产生一个交变磁场 H_1。如果在这个交变磁场的有效范围内没有被测金属物体靠近，则这个磁场的能量会全部损失；如果在这个交变磁场的有效范围内有被测金属物体靠近，则在此金属表面产生感应电流，该电流在金属导体内是闭合的，称为电涡流。趋肤效应，高频磁场不能透过具有一定厚度的金属板，仅作用于其表面的薄层内。由电磁理论可知，金属板表面感应的电涡流 I_2 也将产生一个新的磁场 H_2，H_2 与 H_1 的方向相反。磁场 H_2 的反作用使通电线圈的等效阻抗 Z 发生了变化。这一变化与金属导体电阻率 ρ、磁导率 μ、激磁电流频率 f 及线圈与金属导体的距离 x 等因素有关。

改变其中一个参数，保持其他参数不变，就可以将和被改参数有关的被测量变化转换为线圈阻抗 Z 的变化。当 x 为变量时，通过测量电路，可以将阻抗 Z 的变化转换为电压 U 的变化，从而做成位移传感器、振幅传感器、厚度传感器、转速传感器等，也可做成接近开关、计数器等；若使 ρ 为变量，可以做成表面温度传感器、电解质浓度传感器、材质判别传感器等；若使 μ 为变量，可做成应力传感器、硬度传感器等。还可以利用 μ、ρ、x 变量的综合影响，做成综合性材料探伤装置，如电涡流导电仪、电涡流测厚仪、电涡流探伤仪等。

在实际应用中，当金属材料确定后，电涡流传感器在金属导体上产生的涡流的渗透深度仅与传感器励磁电流的频率有关：频率越高，渗透深度越小；频率越低，渗透深度越大。所以电涡流传感器主要分为高频反射式和低频透射式两类，它们的基本工作原理是相似的。

4.3.2 电涡流传感器的测量电路

电涡流式传感器的测量电路主要有电桥电路和谐振电路两种。

1．电桥电路

电桥电路可以将传感器线圈的阻抗变化转换为电压或电流的变化。电桥电路如图 4.23 所示，一般用于由两个线圈组成的差动电涡流式传感器。

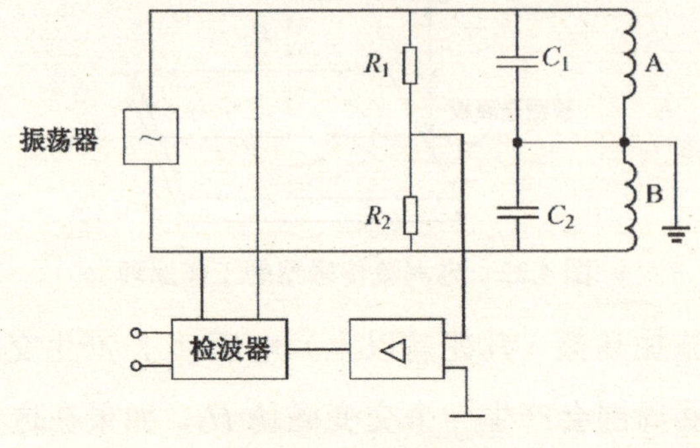

图 4.23 电桥电路

图 4.23 中线圈 A 和线圈 B 为传感器，作为电桥的桥臂接入电路，分别与电容 C_1 和电容 C_2 并联，电阻 R_1 和电阻 R_2 组成电桥的另两个桥臂。将由振荡器传来的 1MHz 振荡信号作为电桥电源。

起始状态，使电桥平衡。在进行测量时，传感器线圈的阻抗发生变化，使电桥失去平衡，将电桥不平衡造成的输出信号进行线性放大、相敏检波和低通滤波，就可得到与被测量成正比的直流电压输出。

2. 谐振电路

谐振电路可以将传感器线圈等效电感的变化转换为电压或电流的变化。传感器线圈 L 与电容 C 并联组成 LC 并联谐振回路。其谐振频率为

$$f_0 = \frac{1}{2\pi\sqrt{LC}} \tag{4.11}$$

当电感 L 发生变化时，回路的等效阻抗和谐振频率都将随之发生变化，因此可以利用测量回路阻抗的方法或测量回路谐振频率的方法间接测量出传感器的被测值。

谐振电路主要有调幅法和调频法两种基本测量电路。

1）调幅法

调幅法测量原理如图 4.24 所示。调幅法测量电路由石英晶体振荡器提供高频激磁信号，因此稳定性较高。LC 回路的阻抗 Z 越大，回路的输出电压越大。

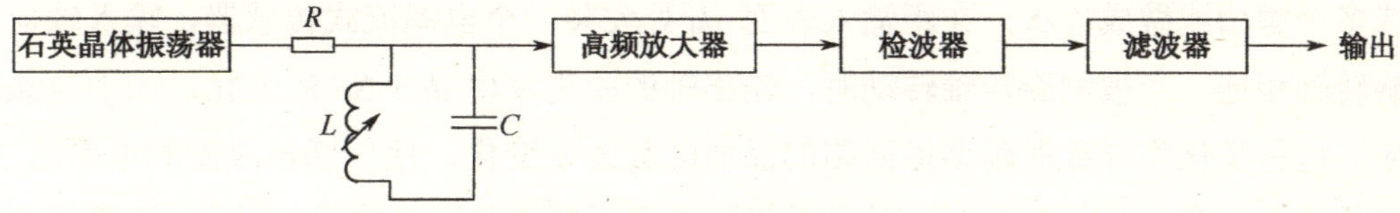

图 4.24 调幅法测量原理

2）调频法

调频法测量原理如图 4.25 所示。调频法测量电路的原理是，被测量变化引起传感器线圈电感的变化，而电感的变化导致振荡频率发生变化。因此频率的变化间接反映了被测量的变化。

这里电涡流传感器的线圈是作为一个电感元件接入振荡器中的，它包括电容三点式振荡器和射极输出器两个部分。为了减小传感器输出电缆的分布电容 C_x 对输出的影响，通常把传感器线圈 L 和调整电容 C 都封装在传感器中，这样电缆分布电容就并联到电容 C_2、C_3 上，大大减小了对谐振频率的影响。调频法测量电路结构简单，便于遥测和数字显示。

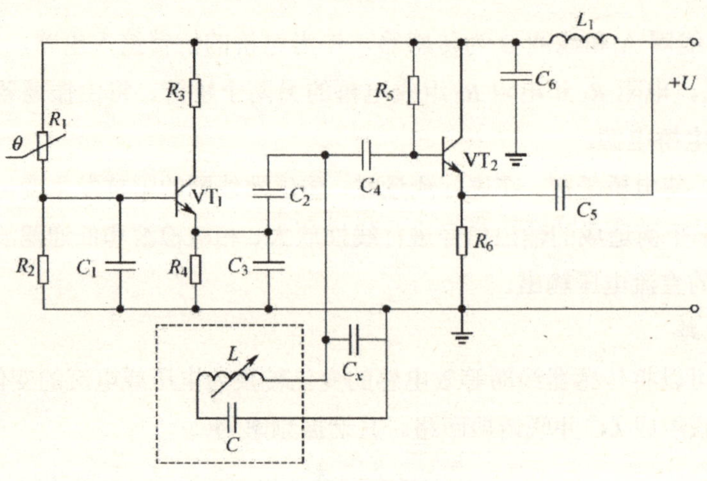

图 4.25　调频法测量原理

4.3.3　电涡流转速传感器

电涡流转速传感器结构简单，可实现非接触测量，具有灵敏度高、抗干扰能力强、频率响应宽、体积小等优点，因此在工业测量中得到了越来越广泛的应用。

图 4.26 所示为电涡流转速传感器的工作原理。在软磁材料制成的输入轴上加工一个或多个键槽或做成齿状，在距输入表面 d_0 处安装一个电涡流式传感器，输入轴与被测旋转轴相连。当被测旋转轴转动时，输出轴的距离发生 $d_0+\Delta d$ 的变化。由于电涡流效应，这种变化将导致振荡谐振回路的品质因数发生变化，使传感器线圈的电感随 Δd 的变化也发生变化，它们将直接影响振荡器的电压幅值和振荡频率。因此，随着输入轴的旋转，从振荡器输出的信号中包含有与转速成正比的脉冲频率信号。该信号由检波器检出电压幅值的变化量，然后经整形电路输出脉冲频率信号 f，可以用频率计指示输出频率值，从而测出转轴的转速，其关系式为

$$n=\frac{60f}{N} \tag{4.12}$$

式中，n——被测轴的转速；

f——频率；

N——轴上开的槽数。

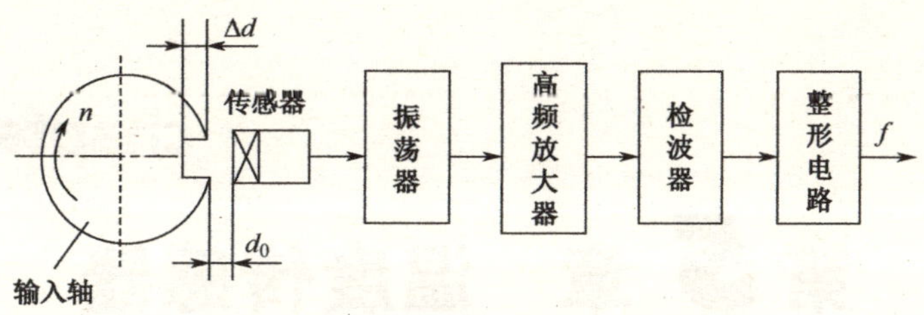

图 4.26　电涡流转速传感器的工作原理

思考题与习题 4

1．什么是电感式传感器？它根据工作原理可分为哪几种？

2．自感式传感器的工作原理是什么？它根据结构可分为哪 3 种类型？

3．变气隙式自感传感器的测量原理是什么？它的灵敏度是多少？

4．螺线管式自感传感器的测量原理是什么？它有什么特点？

5．变压器式测量电路的结构是什么？这种测量电路能否反映被测量位移的方向？

6．为什么相敏检波电路可以反映被测量位移的方向？

7．螺线管式差动变压器由哪几部分组成？

8．差动变压器用交流电压表来测量存在什么问题？应该采用什么测量电路？

9．什么是电涡流？电涡流效应是什么现象？

10．电涡流传感器的线圈等效阻抗变化与哪些因素有关？

chapter 5

第 5 章　温度传感器

5.1　热电阻传感器

热电阻温度传感器是根据物质的电阻率随温度变化而变化的特性制成的，如果电阻采用的材料是金属则称为金属热电阻传感器，如果电阻采用的材料是半导体则称为半导体热敏电阻传感器。金属热电阻传感器是利用金属导体的电阻值随温度的变化而变化的原理进行测温的，金属热电阻的主要材料是铂和铜。热电阻传感器被广泛用来测量-200～850℃的温度。在少数情况下，低温可测量至 1K（-272.15℃），高温可测量至 1000℃。

5.1.1　金属热电阻

大多数金属导体的电阻都随温度变化而变化，这种效应被称为电阻-温度效应，也称热电阻效应，作为感温元件的金属材料必须具有以下特性：物理、化学性质稳定；电阻温度系数大；电阻温度系数线性度特性好，具有比较大的电阻率；特性复现性好。具有这些基本特性的金属材料主要有铂、铜、镍及其他合金，工业上的金属热电阻材料主要以铂和铜为主。

1．常用热电阻

1）铂热电阻

在金属材料中，铂的物理、化学性质非常稳定，是目前非常适合制造热电阻的材料。

铂热电阻稳定性好、精度高、性能可靠，测温范围一般为-200℃～850℃，除用作一般工业测温电阻以外，还作为标准热电阻，广泛地应用于温度的基准、标准的传递。

铂热电阻的测温精度与铂的纯度有关，铂电阻丝纯度越高，测温精度就越高。其特性方程为

当-200℃≤t≤0℃时，

$$R_t = R_0 \left[1 + At + Bt^2 + C(t-100)t^3 \right]$$

当 0℃≤t≤850℃时，

$$R_t = R_0 \left[1 + At + Bt^2 \right]$$

式中，R_t——温度为 t 时的电阻值；

R_0——温度为 0℃时的电阻值；

A,B,C——温度系数，分别为 3.9×10^{-1}℃$^{-1}$,-7.55×10^{-7}℃$^{-1}$,-4.18×10^{-12}℃$^{-1}$。

国内工业上使用的标准化铂热电阻在温度为 0℃时的电阻有 50Ω 和 100Ω 两种，分度号分别为 Pt50 和 Pt100，具体的分度表数值（阻值和温度的关系）可查阅相关资料。在实际测量中，只要测得铂热电阻的阻值便可从分度表中查出对应的温度。

2）铜热电阻

由于铂是贵重金属，因此，在一些测量精度要求不高且温度较低的场合，普遍采用铜热电阻进行测量。铜热电阻的测温范围一般为-50～150℃，在此温度范围内线性度好，灵敏度比铂热电阻高，容易提纯、加工，价格便宜。但是铜有一个缺点就是易于氧化，所以铜热电阻一般只用于 150℃以下的低温测量和没有水分及无侵蚀性介质的测量环境。与铂相比，铜的电阻率低，所以铜电阻的体积较大。

国内工业上使用的标准化铜热电阻在温度为 0℃时的电阻有 50Ω 和 100Ω 两种，分度号分别为 Cu50 和 Cu100，具体信息可查询相应的分度表。铜电阻与温度间的关系为

$$R_t \approx R_0(1+\alpha_1 t)$$

式中，R_t——温度为 t 时的电阻值；

R_0——温度为 0℃时的电阻值；

α_1——铜电阻的温度系数。

2．热电阻温度传感器的结构

热电阻温度传感器的结构比较简单，一般将电阻丝绕在云母、石英、陶瓷、塑料等绝缘骨架上进行固定，外面再加上保护套管。普通工业用热电阻温度传感器的外形如图 5.1（a）所示，由热电阻、连接热电阻的内部导线、保护管、绝缘管、接线座等组成，如图 5.1（b）所示。

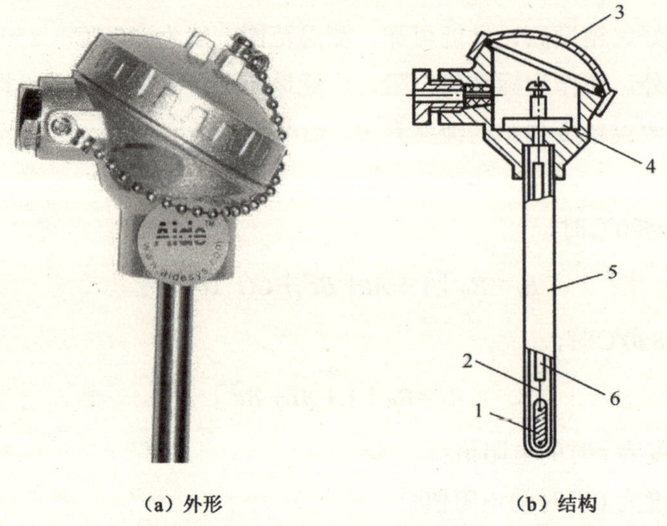

（a）外形　　（b）结构

1—热电阻；2—内部导线；3—盖；4—接线座；5—保护管；6—绝缘管

图 5.1　热电阻温度传感器

3．热电阻传感器的测量电路

热电阻传感器的测量电路与电阻应变式传感器的测量电桥相似，也是电桥电路。一般来说，工业用热电阻大多安装在现场，远离控制区域，因此导线对测量结果会有较大的影响，为了减小环境中的电、磁的等对测量结果影响，导线多采用屏蔽线，且要求屏蔽层接地。热电阻常用的接线方式有二线制、三线制和四线制 3 种，如图 5.2 所示。

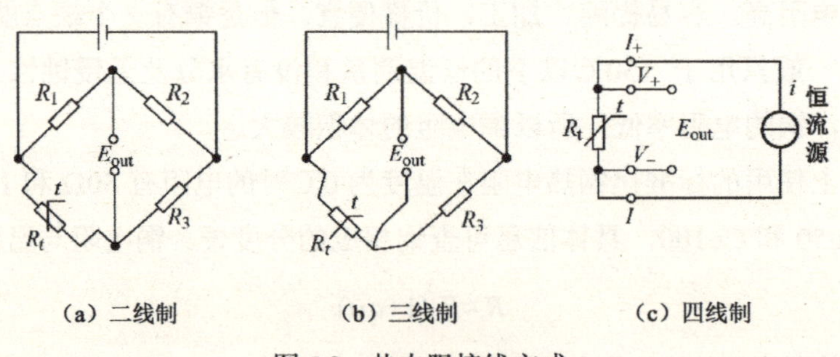

（a）二线制　　（b）三线制　　（c）四线制

图 5.2　热电阻接线方式

二线制接线方式是指热电阻两端各连接一根导线，把热电阻接入电桥电路，这种接线方式简单、费用低，但是导线电阻随环境温度的变化会产生附加误差，目前工业上很少采用二线制接线方式。

三线制接线方式是指热电阻的一侧连接两根线，另一侧连接一根线，当热电阻与电桥连接使用时，该引线方式可以消除导线电阻对测量结果的影响，从而提高测量的准确性，工业用热电阻多采用此方法。

四线制接线方式是指热电阻的两端都连接两根线，该种连线方法可以消除导线电阻对测量结果的影响，也可以消除电路中寄生电动势对测量结果的影响，该种方法多用于科学实验或高精度测量的场合。

5.1.2　半导体热敏电阻

半导体热敏电阻简称热敏电阻，是一种新型的半导体测温元件。热敏电阻是用某些金属氧化物或单晶锗、单晶硅等材料，按特定工艺制成的感温元件。半导体热敏电阻的阻值随温度变化呈指数规律变化，测温范围一般在-40～350℃，其温度系数比金属大，灵敏度很高。半导体材料的电阻率大，可以制作体积小而电阻值大的元器件。其缺点是互换性差，稳定性一般，但由于其结构简单、价格便宜，所以在家电、汽车站等行业有着广泛的应用。热敏电阻根据其电阻和温度关系的可分为 3 种类型，即正温度系数（PTC）热敏电阻、负温度系数（NTC）热敏电阻、临界温度热敏电阻（CTR）。

正温度系数热敏电阻是指正温度系数很大的半导体材料或元器件，它是一种具有温度敏感性的半导体电阻，它的电阻值随着温度的升高呈阶跃性的增高，温度越高，电阻值越大，如图 5.3 中的曲线 2 所示。突变型正温度系数热敏电阻随温度升高到某一值时电阻急剧增大，如图 5.3 中的曲线 3 所示。

负温度系数热敏电阻是一种氧化物的复合烧结体，其电阻值随温度的增加而减小，如图 5.3 中的曲线 1 所示。其优点是电阻温度系数大、结构简单、体积小、电阻率高、热惯性小、易于维护、制造简单、使用寿命长，能进行远距离控制；其缺点是互换性差，非线性严重。

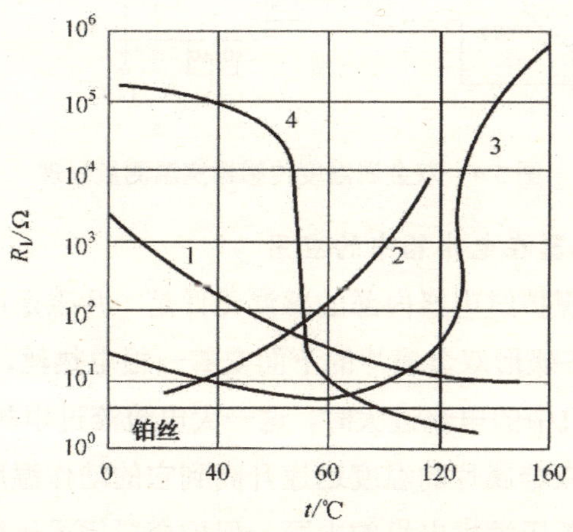

1—负温度系数；2—线性正温度系数；3—突变性正温度系数；4—临界温度

图 5.3　半导体热敏电阻的特性曲线

临界温度热敏电阻的构成材料是钒、钡、锶、磷等元素氧化物的混合烧结体，是半玻璃状的半导体，其特点是在某一温度下电阻值会发生突变，这一温度随添加锗、钨、钼等的氧化物而变化，到达该温度时，电阻急剧下降，如图 5.3 中的曲线 4 所示，临界温度热敏电阻可应用在控温、报警等方面。

热敏电阻结构较为简单，价格较低。外面无保护层的热敏电阻可以在干燥的环境下使用；涂有保护层的热敏电阻可以在较恶劣的环境下使用，也可以在湿度较大的地方使用。由于热敏电阻的阻值远大于导线电阻，所以接线时可以采用二线制接法。

5.1.3 热电阻传感器的应用

1．双金属温度传感器在室温测量中的应用

双金属温度传感器结构简单、价格便宜、刻度清晰、使用方便、耐振动，常用于驾驶室、船舱、粮仓等室内温度的测量。双金属温度传感器室温测量原理如图 5.4 所示，以铂电阻 Pt100 为感温元件，电路包括电桥电路、放大电路和转换电路，当温度变化时，温度传感器的阻值发生变化，电桥失去平衡，产生的电势差经放大器进行放大，再加到 A/D 转换器上，输出的数字信号与微机或其他设备相连。

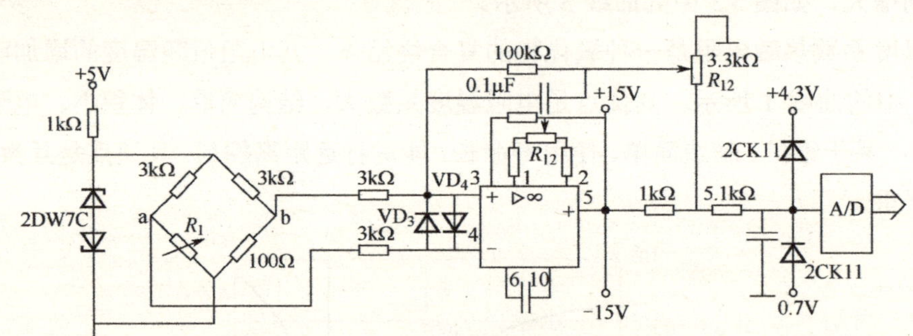

图 5.4　双金属温度传感器室温测量原理

2．双金属温度传感器在电冰箱中的应用

电冰箱压缩机温度保护继电器内部的感温元件是一片碟形的双金属片，在双金属片上固定着两个动触头。在碟形双金属片的下面安着一根电热丝，该电热丝与这两个常闭触点串联。当压缩机电机中的电流过大时，这一大电流流过电热丝后，使电阻丝很快发热，放出的热量使碟形双金属片的温度迅速升高到它的动作温度，碟形双金属片翻转，带动常闭触点断开，切断压缩机电机的电源，保护全封闭式压缩机，使其不至于损坏。

3．热敏二极管温度传感器应用举例

热敏二极管温度报警电路如图 5.5 所示。其中，R_t 为半导体热敏电阻，温度变化引起电阻变化，其电桥输出电压加至运算放大器上，两个晶体管根据放大器输出电压处于导通或截止状态，温度升高时，阻值变小，VT_1 导通则 VL_1 发光报警；温度下降时，阻值变大，VT_2 导通则 VL_2 发光报警。温度不变时两个晶体管处于截止状态，发光二极管均不发光。

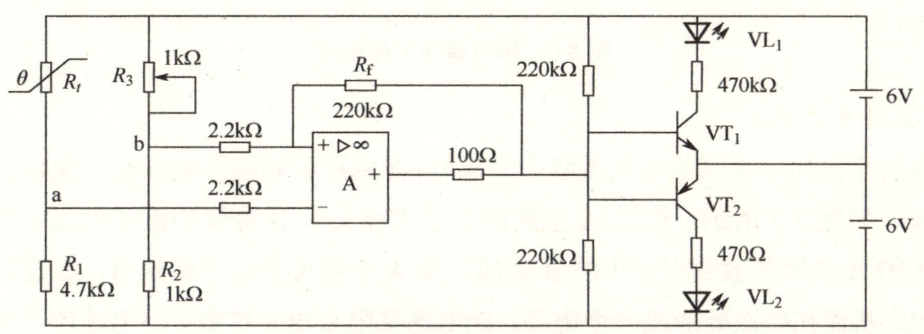

图 5.5　热敏二极管温度报警电路

5.2　热电偶传感器

热电偶是一种基于热电效应的温度传感器，在温度的测量中应用十分广泛，具有结构简单、使用方便、精度高、热惯性小、测温范围宽、测温上限高、可测量局部温度和便于远程传送等优点。其输出信号易于传输和变换，它可以用来测量一个点的温度，还可以测量液体、固体表面的温度，其热容量较小，也可应用于动态温度的测量。

5.2.1　热电偶的工作原理

两种不同材料的金属导体 A 与 B 两端连接成一个闭合回路，如图 5.6 所示，如果两个接点温度不同，则在回路中会产生一个电动势，这种现象被称为热电效应。回路中的电动势被称为热电势，该电势由两种导体的接触电势和单一导体的温差电势组成。这两种金属导体被称为热电极，它们的两个接点中一个被称为工作端或热端（温度为 t），另一个被称为参考端或冷端（温度为 t_0），由这两种金属导体组成并将温度信号转换为电动势的传感器被称为热电偶传感器。

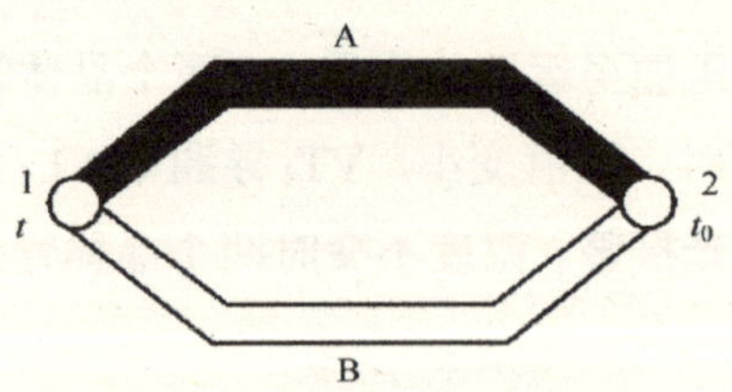

图 5.6　热电偶的工作原理

1．接触电动势

当两种不同电子密度的金属接触在一起时，在两种金属的接触处会产生自由电子的扩散现象。如图 5.7 所示，假设 A 金属的电子密度大于 B 金属的电子密度，则电子将从密度大的 A 金属扩散到密度小的 B 金属，使 A 金属失去电子带正电，B 金属得到电子带负电，从而在接点处形成一个电场。此电场又阻止电子扩散，当电场作用和扩散作用动态平衡时，在两种不同金属的接触处就产生一个电动势，该电动势被称为接触电动势。电动势的大小由接点的温度和两种金属的特性决定。

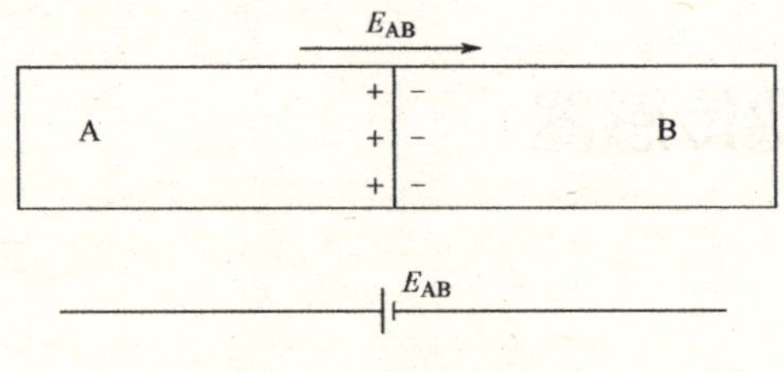

图 5.7　接触电动势

接触电动势的大小（不同温度值 t 和 t_0 下的接触电动势）为

$$E_{AB}(t)=\frac{kt}{e}\ln\frac{n_A}{n_B}，\quad E_{AB}(t_0)=\frac{kt_0}{e}\ln\frac{n_A}{n_B} \tag{5.1}$$

式中，k——玻尔兹曼系数，其值为 1.38×10^{-23}J/K；

n_A，n_B——两导体的电子密度；

e——单位电荷，1.6×10^{-19}C。

回路总接触电动势（两个接触电动势的差值）为

$$E_{AB}(t)-E_{AB}(t_0)=\frac{k}{e}(t-t_0)\ln\frac{n_A}{n_B} \tag{5.2}$$

2．温差电动势

对于一根均质的金属导体，如果两端温度不同，分别为 t、t_0（$t>t_0$），则在金属导体两端也会产生电动势 $E_A(t,t_0)$，这个电动势叫作单一导体的温差电动势，也称汤姆逊电动势，温差电动势如图 5.8 所示。

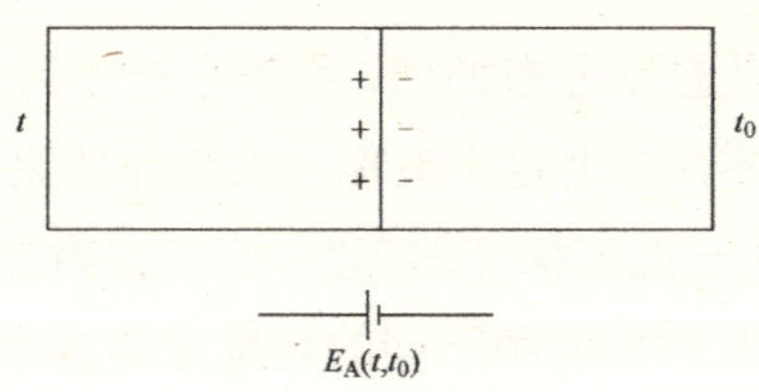

图 5.8　温差电动势

单一导体温差电动势的数值为 $E_A(t,t_0)=\int_{t_0}^{t}\sigma_A \mathrm{d}t$，如果有两个导体组成闭合回路，则其总的汤姆逊电动势为

$$E_A(t,t_0)-E_B(t,t_0)=\int_{t_0}^{t}(\sigma_A-\sigma_B)\mathrm{d}t \tag{5.3}$$

式中，σ_A,σ_B——两个导体的汤姆逊系数，单位为 μV/℃。

由于两个导体的材料不同，故两个温差电动势值是不一样的，二者之差即为总的温差电动势。

综上所述，热电偶回路中产生的总热电动势为接触电动势和温差电动势的总和，即

$$E_{AB}(t,t_0)=E_{AB}(t)-E_{AB}(t_0)+E_A(t,t_0)-E_B(t,t_0) \tag{5.4}$$

实际上，热电偶的温差电动势远小于接触电动势，可以忽略不计，因此热电偶的热电动势可以简写为

$$E_{AB}(t,t_0)=E_{AB}(t)-E_{AB}(t_0) \tag{5.5}$$

由此可得出以下几点结论。

（1）在热电偶回路中，热电动势与组成热电偶的材料及导体两端温度有关，与热电偶的长度、粗细无关。

（2）只有当热电偶两端的温度不同且组成热电偶的两个导体材料不同时才能有热电动势产生。

（3）导体材料确定后，热电动势的大小只与热电偶两端的温度有关。如果使冷端温度恒定，即 $E_{AB}(t_0)$=常数，则回路热电动势 $E_{AB}(t,t_0)$就只与热端温度 t 有关，而且是 t 的单值函数。

5.2.2　热电偶的基本定律

1．均质导体定律

由两种均质金属组成的热电偶的电动势大小与热电极的直径、长度及沿热电极长度方向上的温度分布无关，只与热电极的材料和温度有关。而由同一种均质材料焊接组成

的闭合回路，无论导体截面及温度分布如何，都不会产生接触电动势，而温差电动势相互抵消，回路中总电动势为零，这个定律被称为均质导体定律。如果材质不均匀，则当热电极上各处温度不同时，由于温度梯度的存在，将产生附加热电动势，造成测量误差。由该定律可以看出，热电偶必须由两种不同的均质导体或半导体构成。

2．中间导体定律

在热电偶回路中插入第三种（或多种）均质材料，只要所插入的材料两端接点处温度相同，则所插入的第三种（或多种）材料不影响原回路中的总热电动势，这个定律被称为中间导体定律，如图 5.9 所示。根据这个定律，就可采取任何方式来焊接导线，只要保证导线两个接入点的温度相同，就可以将热电动势通过导线接至测量仪表进行测量，且不影响测量精度。

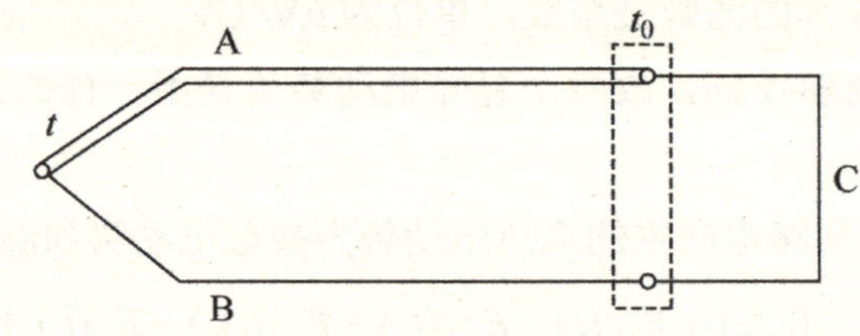

图 5.9　中间导体定律

3．中间温度定律

中间温度定律是指热电偶两端的温度分别是 t、t_0 时，总的热电动势等于热电偶在接点温度为（t、t_n）和（t_n、t_0）时相应的热电动势的代数和，t_n 为中间温度（在实际测量和变换时也称参考端温度或自由端温度），即

$$E_{AB}(t,t_0)=E_{AB}(t,t_n)+E_{AB}(t_n,t_0) \tag{5.6}$$

由于热电偶测温时通常依据分度表来确定，而热电偶分度表以中间温度定律为理论依据，若冷端温度为 0℃，通过测得的热电动势值，再查取相应的分度表，可得实际的温度值。而在实际测量中，冷端温度一般不为 0℃，需要应用中间温度定律来修正测量的结果，根据式（5.6）可计算出结果，得出实际的温度值。

根据中间温度定律，可以连接与热电偶热电特性相近的导体，将热电偶冷端延伸到温度恒定的地方，这就为热电偶回路中应用补偿导线提供了理论依据。该定律是参考端温度计算修正法的理论依据。在实际热电偶测温回路中，利用热电偶这一性质，可对参考端温度不为 0℃的热电动势进行修正。

4．参考电极定律

当热电偶两端的温度分别是 t、t_0 时，用导体 A、B 分别与第三种导体 C 组成热电偶，则由导体 A、B 组成的热电偶的热电动势等于由导体 A、C 组成的热电偶和由导体 C、B 组成的热电偶的热电动势的代数和，即

$$E_{AB}(t,t_0)=E_{AC}(t,t_0)+E_{BC}(t_n,t_0)=E_{AC}(t,t_0)-E_{CB}(t_n,t_0) \tag{5.7}$$

也就是说，任意两导体组成的热电偶的热电动势等于这两个电极分别与参考电极 C 组成的热电偶的热电动势的代数和。导体 C 为参考电极，由于纯铂的物理及化学性能稳定，熔点较高且易提纯，所以目前常将纯铂丝作为参考电极。通过该定律可以大大简化热电偶的选配工作。

5.2.3　热电偶的分类与结构

工业用的热电偶长期在恶劣的环境中工作，根据被测对象不同，热电偶的结构形式是多种多样的。热电极是热电偶的主要组件，对于实际用于测温组件的热电偶，需要其热电极材料有较大的输出热电动势，且热电动势与温度有良好的线性关系，能在较大的温度范围内应用，并具有物理及化学性能稳定、电阻温度系数小、电导率高、材料有一定的韧性、利于制作等特点。

1．热电偶的分类

工业上常用的热电偶可分为标准热电偶和非标准热电偶两大类。所谓标准热电偶，是指国家标准规定了其热电势与温度的关系、允许误差，并有统一的标准分度表的热电偶，它有与其配套的显示仪表可供选用。非标准热电偶的使用范围和数量级均不及标准热电偶，一般没有统一的分度表，主要用于某些特殊场合的测量。

按照国际计量委员会规定的《1990 年国际温标》的标准，规定了 8 种标准热电偶，分别是：B 型热电偶，热电极材料是铂铑 30-铂铑 6；R 型热电偶，热电极材料是铂铑 13-铂；S 型热电偶，热电极材料是铂铑 10-铂；K 型热电偶，热电极材料是镍铬-镍硅；N 型热电偶，热电极材料是镍铬硅-镍硅；E 型热电偶，热电极材料是镍铬-铜镍；J 型热电偶，热电极材料是铁-铜镍；T 型热电偶，热电极材料是铜-铜镍。对于这 8 种标准热电偶，制定了相应的分度表，并且有相应的线性化集成电路。

除此之外，还有一些非标准热电偶，如铱-铱铑热电偶，可以用来测量 2300℃的高温；钨-钼热电偶和钨-铼热电偶，可以用来测量 2800℃以上的超高温。

2．热电偶的结构

热电偶有普通热电偶、铠装热电偶、薄膜热电偶等几种结构。

普通热电偶一般由热电极、绝缘套管、外层保护管和接线盒等组成，如图 5.10 所

示。普通热电偶按其安装时的连接形式可分为固定螺纹连接、固定法兰连接、活动法兰连接、无固定装置等多种类型。普通热电偶主要用于气体、蒸汽、液体等介质的测温，并可以根据测温范围和环境来选择合适的热电极材料及外层保护管。

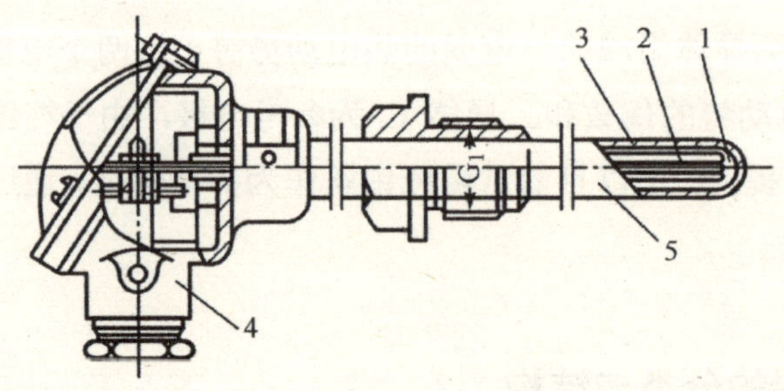

1—工作端；2—热电极；3—绝缘套管；4—接线盒；5—外层保护管

图 5.10 普通热电偶的结构

铠装热电偶也称缆式热电偶，是将热电极与电熔氧化镁绝缘物熔铸在一起，外表再套上不锈钢管等构成的。这种热电偶耐高压、反应时间短、坚固，是主要由热电极、绝缘材料和金属套管组合加工而成的坚实组合体。铠装热电偶的主要优点是：动态响应快；外径很细（1mm），测量端热容量小；绝缘材料和金属套管经过退火处理，有良好的柔性；结构坚实，机械强度高，耐压、耐强烈振动和冲击；适用于多种工作条件。铠装热电偶的结构如图 5.11 所示。

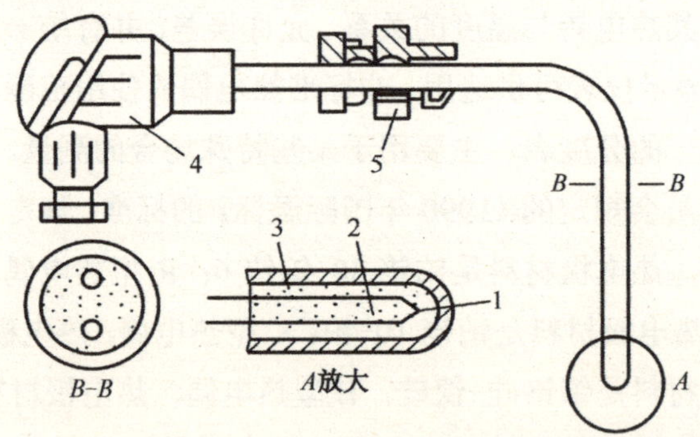

1—热电极；2—绝缘材料；3—金属套管；4—接线盒；5—固定装置

图 5.11 铠装热电偶的结构

薄膜热电偶是用真空镀膜技术或真空溅射等方法，将热电极材料沉积在绝缘片表面而制成的热电偶，如图 5.12 所示。因采用真空镀膜技术，薄膜热电偶的尺寸可以做得很小，厚度可以很薄，它的特点是热容量小、动态响应快、适合微小面积的温度测量，测量的温度范围为-200～300℃。

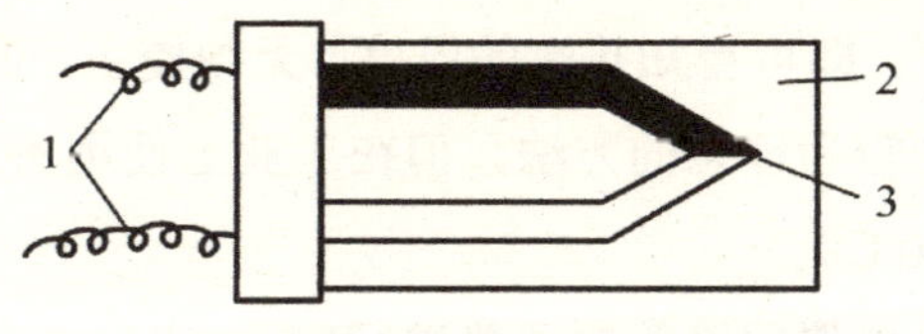

1—引线；2—绝缘片；3—工作端

图 5.12　薄膜热电偶的结构

5.2.4　热电偶的冷端补偿

热电偶的热电动势大小不仅与热端温度有关，还与冷端温度有关，当冷端温度恒定时，通过测量热电动势的大小就可以得到热端的温度。热电偶的分度表就是在冷端温度为 0℃的条件下制作出来的，但在实际测温时，冷端温度经常随环境温度的变化而变化，不仅不是 0℃，而且还不能保持恒定，这样的测量结果当然是不准确的，为了使测量结果准确，需要对冷端进行处理以消除误差，经常采取以下几种方法来进行修正或补偿。

1．补偿导线法

为了使热电偶冷端温度保持恒定，可以将热电偶做得很长，使冷端远离热端，并连同测量仪表一起置于恒温场所，但是这种方法需要使用贵重的金属热电极材料，经济性较差。因此，在一般情况下使用一种被称为补偿导线的连接线将热电偶冷端延伸出来，如图 5.13 所示。这种导线在一定温度范围内（0～150℃）具有和所连接的热电偶相同的热点性能，并且是采用较廉价的金属制成的，经济性较好。要注意的是，不同型号的热电偶有专门的补偿导线与其对应。

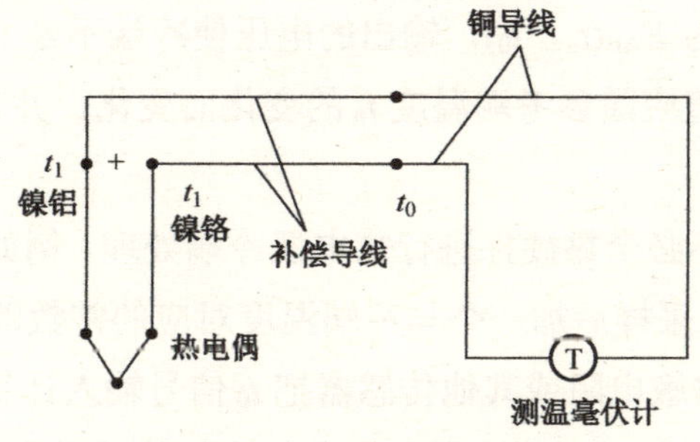

图 5.13　补偿导线法

2．冷端恒温法

在实验室中，通常把冷端置于盛有冰、水混合物的容器中，使冷端温度恒定在 0℃，或者采用半导体制冷器件，使冷端保持在 0℃，然后根据仪表测量出热电偶的热电动势，查找相应的热电偶分度表，即可得知热端的温度，无须校正，这种方法适合在实验室使用，也称为冰浴法，是种较为理想的方法，但在工业上使用不方便。

3．计算修正法（$t_n \neq 0℃$）

此方法采用公式对热电偶回路的电动势进行修正，实际上是根据中间导体定律得出的方法。具体步骤是，由分度表查到自由端温度 t_n 和冷端温度 t_0（0℃）之间的热电动势，再测出被测端温度 t 和实际自由端温度 t_n 之间的热电动势，二者相加即为被测端温度 t 和冷端温度 t_0 之间的热电动势，公式为

$$E_{AB}(t,t_0)=E_{AB}(t,t_n)+E_{AB}(t_n,t_0) \tag{5.8}$$

根据计算得出的热电动势，再查分度表可得被测端的温度。

例如，用 K 型热电偶测炉温，自由端温度 t_n=30℃，由热电偶分度表查得 E_{AB}(30℃，0℃)＝1.26mV，若测得 E_{AB}(t，30℃)=26.74mV，则可得

$$\begin{aligned}E_{AB}(t,0)&=E_{AB}(t,30°C)+E_{AB}(30°C,0)\\&=26.74\text{mV}+1.26\text{mV}\\&=28\text{mV}\end{aligned}$$

再查分度表，可知 t=973℃。

4．冷端温度补偿器

热电偶冷端补偿本质上就是一个补偿电桥。补偿电桥的 4 个桥臂中有 1 个桥臂是由铜电阻作为感温元件，其余 3 个桥臂由阻值恒定的锰铜电阻制成，将它串联在热电偶回路中。

当热电偶冷端温度 t_n 发生变化时，补偿电桥中的铜电阻阻值也发生变化，不平衡电桥产生的电动势正好为 E_{AB}(t_n，t_0)，输出的电压使冷端不是 0℃时，得到自动补偿。冷端温度补偿器的输出值应随参考端温度 t_n 的变化而变化，并且在补偿温度范围内。

5．软件处理法

对于计算机系统，不必全靠硬件进行热电偶冷端处理。例如，在冷端温度恒定但不为 0℃的情况下，只需在采样后加一个与冷端温度对应的常数即可；在冷端温度 t_0 经常波动的情况下，可利用热敏电阻或其他传感器把 t_0 信号输入计算机，按照运算公式设计一些程序，便能自动修正。后一种情况必须考虑输入的采样通道中除有热电动势之外，还应该有冷端温度信号，如果多个热电偶的冷端温度不相同，还要分别采样，若占用的通道数太多，宜利用补偿导线把所有的冷端接到同一温度处，只用一个冷端温度传感器和一个修正冷端温度 t_0 的输入通道即可。冷端集中对于提高多点巡检的速度也很有利。

5.2.5　热电偶的应用

1．数字式温度表

数字式温度表的外形如图 5.14 所示。数字式温度表由前置放大器、线性化电路、A/D 转换器和显示电路部分组成。热电偶输出的热电动势信号一般都很小，只有毫伏数量级，必须经过高增益的直流放大，常用数据放大器进行放大。由于热电偶的热电特性一般都是非线性的，欲使显示数或输出脉冲数与被测温度直接相对应，必须采取措施进行非线性校正，通常采用硬件校正法实现温度的数字测量和显示。例如，向计算机过程控制系统提供温度信号，在前置放大后，可以将电信号变换成标准信号（0～5V，4～20mA），非线性校正（和冷端补偿）工作直接由计算机软件进行。

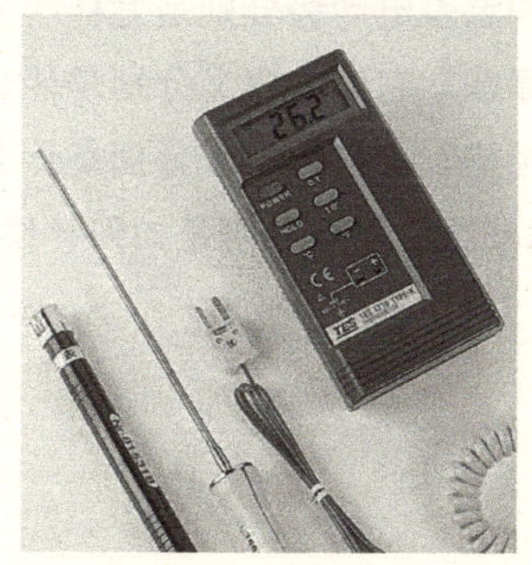

图 5.14　数字式温度表的外形

2．炉温测量控制系统

炉温测量控制系统，是指根据炉温与给定温度的偏差，自动接通或断开加热炉的热源能量，或连续改变热源能量的大小，使炉温稳定在给定的温度范围内，以满足热处理工艺的需要。该控制系统用热电偶测量炉温，并与给定温度进行比较，将偏差信号放大后作为驱动信号，通过电机减速器调节加热器上的电压来实现准确的温度控制。炉温测量控制系统原理图如图 5.15 所示。

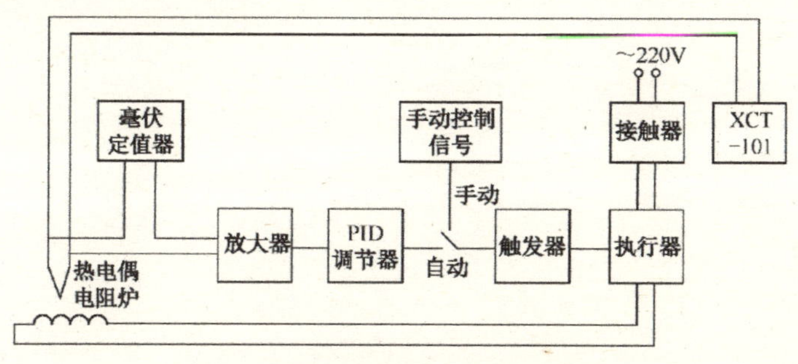

图 5.15　炉温测量控制系统原理图

思考题与习题 5

1. 热电阻温度传感器是根据什么支撑的？它分为哪两种？
2. 铂热电阻的特点是什么？工业上使用的标准化铂热电阻分度号是什么？
3. 铜热电阻的特点是什么？工业上使用的标准化铜热电阻分度号是什么？
4. 热电阻的测量电路有哪几种接线方式？它们都是如何接线的？
5. 半导体热敏电阻有哪几种类型？它们的电阻值如何随温度变化而变化？
6. 热电偶的工作原理是基于什么效应？该效应的含义是什么？
7. 热电偶的接触电动势和温差电动势分别是怎样产生的？
8. 热电偶的基本定律有哪些？它们的含义分别是什么？
9. 热电偶主要有哪几种结构？它们的组成分别是什么？
10. 热电偶有哪几种冷端补偿方法？分别是如何补偿的？

第 6 章　电动势式传感器

6.1　压电式传感器

压电式传感器是一种典型的自发电式传感器（也称有源传感器），它的工作原理基于压电效应，即某些材料受力后在其表面产生电荷的现象。压电式传感器主要用于力的测量和可以转变为力的非电量的测量。因此，压电元件是一种力敏感元件，可以测量力、压力、加速度、力矩等非电物理量。

6.1.1　压电式传感器的工作原理

1．压电效应

1）正压电效应

某些电介质沿一定方向受到外力的作用发生形变时，内部会产生极化现象，同时它的两个相对的表面上出现符号相反的电荷；当去掉外力后，又重新恢复到不带电的状态；当作用力的方向改变时，电荷的极性也随之改变，这种现象叫作正压电效应，具有这种压电效应的材料叫作压电材料。图 6.1 分别绘出了某种压电材料在各种受力条件下产生电荷的情况。从图 6.1 中可以看出，改变压电材料的受力方向，可以改变其产生的电荷的极性。实验表明，压电材料的线应变、剪应变、体积应变都可以使其表面产生电荷，利用压电效应可以制造出感受各种外力的传感元件，用压电材料制造的传感元件叫作压电元件。

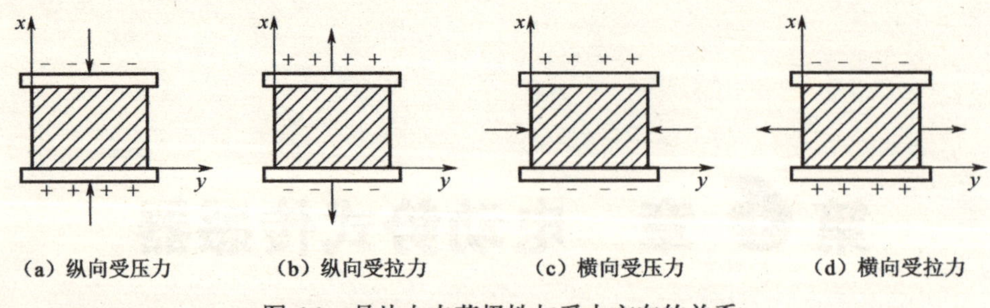

图 6.1 晶片上电荷极性与受力方向的关系

2）逆压电效应

压电效应是可逆的，逆压电效应的实验过程如图 6.2 所示。在压电元件上沿一定方向施加电场，压电元件将产生机械形变或机械应力，当撤去外加电场时，这些形变或应力也随之消失；当外加电场的大小、方向发生变化时，压电元件的机械形变的大小、方向也随之发生变化，这种现象叫作逆压电效应，也叫作电致伸缩效应。如果外加电场以很高的频率按正弦规律变化，则压电元件的机械形变也将按正弦规律快速变化，从而使压电元件产生机械振动，超声波发射元件就是利用这种效应制作的。

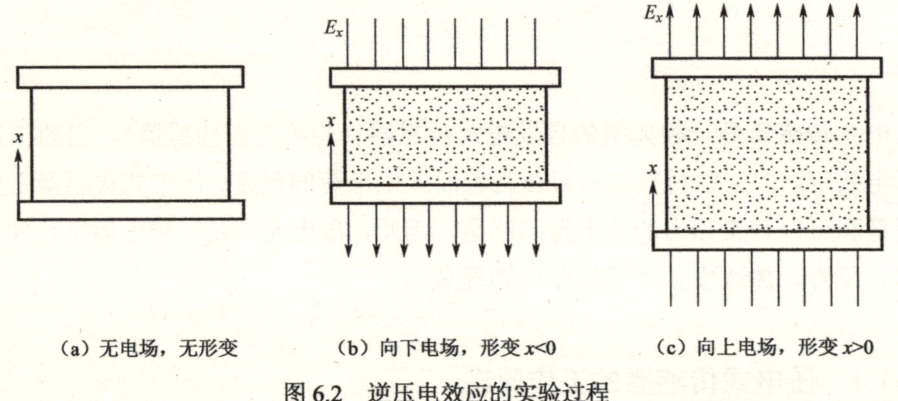

图 6.2 逆压电效应的实验过程

利用正压电效应制成的压电式传感器，可将力、压力、振动、加速度等非电量转换为电量，从而进行精密测量。正压电效应还可应用于扬声器、电唱头等电声器件，把机械振动（声波）转换为电信号。利用逆压电效应可制成超声波发生器、声发射传感器、压电扬声器、频率高度稳定的晶体振荡器等。

由于外力作用在压电元件上产生的电荷只有在无泄漏的情况下才能保存，即需要测量回路具有无限大的输入阻抗，这在实际中是不可能的，因此压电式传感器不能用于静态测量。只有在交变力的作用下，压电元件上的电荷才可以不断补充，可以供给测量回路一定的电流，故压电式传感器只适用于动态力的测量（一般频率必须高于 100Hz，但频率在 50kHz 以上时，灵敏度下降）。

2．压电材料

在自然界中，大多数晶体都具有压电效应，但是十分微弱。随着对材料的深入研究，人们发现压电效应比较明显的压电材料有天然形成的石英晶体、人工制造的压电陶瓷等。迄今已出现的压电材料可分为三大类：一是压电晶体，它是一种单晶体，包括压电石英晶体和其他压电单晶；二是压电陶瓷，它是一种人工制造的多晶体，如锆钛酸铅、钛酸钡、铌酸锶等；三是新型压电材料，其中比较重要的有压电半导体和有机高分子压电材料两种，压电半导体主要有氧化锌（ZnO）、硫化锌（ZnS）、碲化镉（CdTe）、硫化镉（CdS）、碲化锌（ZnTe）和砷化镓（GaAs）等。

在压电式传感器中最常用的压电材料是压电单晶中的石英晶体和属于压电多晶的各类压电陶瓷。其他压电单晶包括适用于高温辐射环境的铌酸锂、钽酸锂、镓酸锂、锗酸铋等，它们都具有较大的压电系数，机械性能优良（强度高、固有振荡频率稳定），时间稳定性好，温度稳定性好，所以是较理想的压电材料。

1）石英晶体

常见的压电晶体有天然石英晶体和人造石英晶体。石英晶体，俗称水晶，其化学成分为 SiO_2（二氧化硅）。石英晶体是一种性能良好的压电晶体，其突出的优点是性能非常稳定，介电常数与压电系数的温度稳定性特别好，居里点（即压电材料开始丧失压电特性的温度）高，可以达到 575℃。此外，石英晶体还具有机械强度高、绝缘性能好、动态响应快、线性范围宽、迟滞小等优点。但石英晶体压电系数较小（$d_{11}=2.31\times10^{-12}$C/N），灵敏度较低，且价格较贵，所以只在标准传感器、高精度传感器或高温环境下工作的传感器中作为压电元件使用。石英晶体分为天然石英晶体与人造石英晶体两种，天然石英晶体的性能优于人造石英晶体的性能，但天然石英晶体价格更高。

天然石英晶体的外形图及晶轴示意图如图 6.3 所示，它是一种六方双锥晶体，削去其顶端后的截面是一个正六边形。在晶体学中它可用 3 根互相垂直的轴来表示：z 轴是连接晶体上下两个顶点的轴，被称为光轴；x 轴是连接正六边形截面相对两个角的轴，被称为电轴；与 x 轴和 z 轴同时垂直的 y 轴是连接正六边形截面相对两条边中点的轴，被称为机械轴。

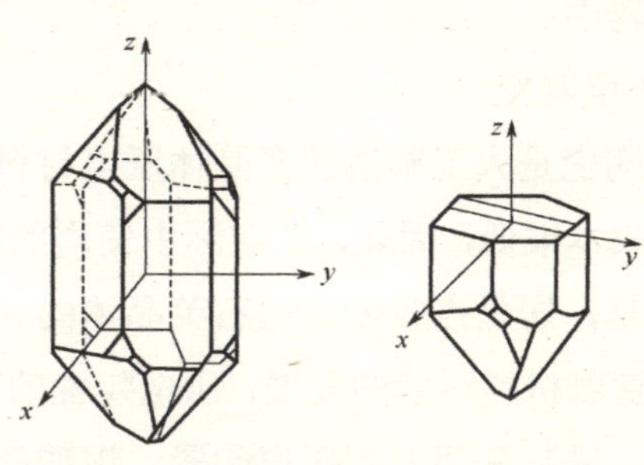

图 6.3　天然石英晶体的外形图及晶轴示意图

从晶体上沿轴线方向切下的薄片被称为压电晶体切片，简称压电晶片，石英晶体切片图及结构示意图如图 6.4 所示。当沿着电轴 x 方向对压电晶片施加作用力时，将在垂直于 x 轴的表面上产生电荷，这种现象被称为纵向压电效应；当沿着机械轴 y 方向对压电晶片施加作用力时，电荷仍出现在与 x 轴垂直的表面上，这种现象被称为横向压电效应；当沿着光轴 z 方向对压电晶片施加作用力时，不会产生压电效应。石英晶体压电效应原理如图 6.5 所示。

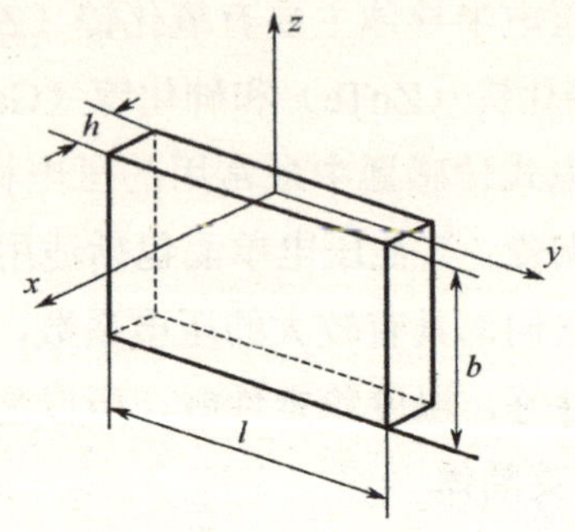

图 6.4　石英晶体切片图及结构示意图

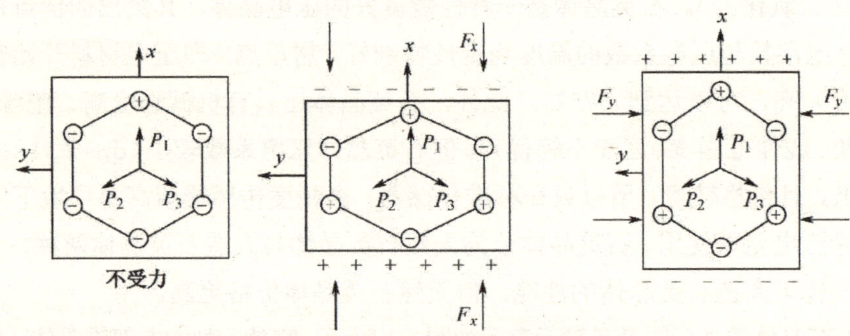

图 6.5　石英晶体压电效应原理

石英晶体的优点是，性能非常稳定，机械强度高，绝缘性能好；缺点是，石英材料价格昂贵，并且压电系数比压电陶瓷低得多，因此一般只用于标准仪器或对精度要求较高的传感器中。

2）压电陶瓷

压电陶瓷是人工制造的多晶体压电材料。与石英晶体相比，压电陶瓷的压电系数很高，制造成本很低，因此，在实际中使用的压电式传感器多采用压电陶瓷材料。压电陶瓷的缺点是，居里点较低，比石英晶体的居里点低 200～400℃，性能也没有石英晶体稳定，但随着材料科学的发展，压电陶瓷的性能正在逐步提高。压电陶瓷主要有钛酸钡压电陶瓷、锆钛酸铅系列压电陶瓷、铌酸盐系压电陶瓷等。

钛酸钡压电陶瓷具有较高的压电系数，$d_{33}=190\times10^{-12}$C/N，介电常数也较高，但居里点很低（120℃），机械强度也比石英晶体差，目前已较少使用。

锆钛酸铅系列压电陶瓷压电系数大，$d_{33}=200\times10^{-12}\sim500\times10^{-12}$C/N，居里点较高（300℃），工作温度可达 250℃，并且各项机电参数的温度稳定性好，性能远优于钛酸钡压电陶瓷，是目前应用最为广泛的压电材料。

与石英晶体相比，压电陶瓷的压电常数较高，但其介电常数较低、机械性能较差。由于压电陶瓷的品种多且性能各异，可根据它们各自的特点制成各种压电式传感器，是一种很有发展前途的压电元件。

压电陶瓷内部的晶粒有许多自发极化的电畴，有一定的极化方向，从而存在一定的电场。在没有外电场时，电畴杂乱分布，它们各自的极化效应相互抵消，压电陶瓷内极化强度为零，因此原始的压电陶瓷呈中性，不具有压电性质，如图 6.6（a）所示。在陶瓷上施加外电场时，材料得到极化，外电场越强，向外电场方向转动的电畴就越多。当去掉外电场时，剩余极化强度很大，这时的材料具有压电特性，如图 6.6（b）所示。

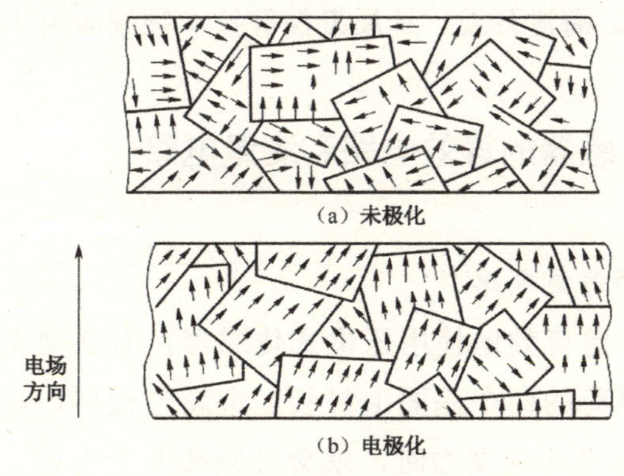

（a）未极化

（b）电极化

图 6.6　压电陶瓷的极化

经过极化处理后，陶瓷材料内部存在很强的剩余极化，当陶瓷材料受到外力作用时，电畴的界限发生移动，电畴发生偏转，从而引起剩余极化强度发生变化，因而在垂直于极化方向的平面即极化面上将产生极化电荷。这种因受力而产生的机械效应转变为电效应，从而将机械能转变为电能的现象，就是压电陶瓷的正压电效应。声控电路中的声音传感器就可以利用压电陶瓷片来实现。

压电陶瓷的优点有：压电常数大、灵敏度高、烧制方便、耐湿、耐高温；制造工艺成熟，可以通过合理配方和掺杂等人工控制方法来达到所要求的性能；成形工艺性好，成本低廉，得到了广泛的应用。

3）新型压电材料

（1）压电半导体

有些晶体材料既有半导体性质，又具有压电效应，如硫化锌（ZnS）、碲化镉（CdTe）、氧化锌（ZnO）、硫化镉（CdS）、碲化锌（ZnTe）和砷化镓（GaAs）等。因此既可利用其压电效应制成传感器，又可利用其半导体特性制成电子器件，也可以两者结合，集元件与线路于一体，研制成新型集成压电式传感器测试系统。近些年，就利用氧化锌的压电效应来制作纳米发电机，实现了纳米机器的自我供电。

（2）有机高分子压电材料

某些合成高分子聚合物经延展拉伸和电场极化后，形成具有一定压电性能的薄膜，被称为高分子压电薄膜。目前常见的压电薄膜有聚氟乙烯（PVF）、聚偏氟乙烯（PVF2）、聚氯乙烯（PVC）和尼龙 11 等。与传统的压电材料相比，这些材料的优点是，质轻柔软；抗拉强度较高，蠕变小，耐冲击；体电阻率达 $10^{12}\Omega\cdot m$；击穿强度为 150～200kV/mm；声阻抗与水和生物体含水组织的近似；热释电性和热稳定性好，易制成任意形状及面积不等的片状或管状等，便于大批生产和大面积使用，可制成大面积阵列传感器乃至人工皮肤。在力学、声学、光学、电子、测量、红外线、安全报警、医疗保健、军事、交通、信息工程、办公自动化、海洋开发、地质勘探等技术领域应用十分广泛。

6.1.2　压电式传感器的等效电路和测量电路

1．压电式传感器的等效电路

为了进一步分析和更有效地使用压电式传感器，有必要引入压电元件的等效电路。在压电晶片产生电荷的两个晶面上封装上金属电极后，就构成了压电元件，如图 6.7（a）所示。当压电元件受力时，就会分别在两个电极上产生等量的正、负电荷，因此，压电元件相当于一个电荷源；两个电极之间是绝缘的压电介质，使其又相当于一个电容器，如图 6.7（b）所示。

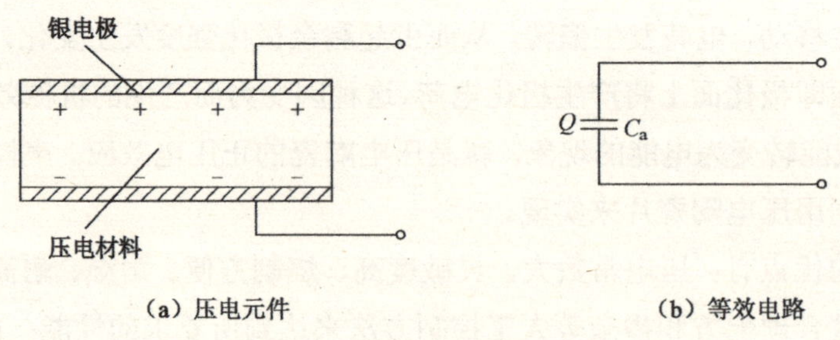

（a）压电元件　　（b）等效电路

图 6.7　压电元件等效电路

因此，从功能上讲，压电式传感器相当于一个静电荷发生器，而压电元件本身在这个过程中可以看作一个电容器。从性能上讲，压电式传感器相当于一个有源电容器，其电容量 C_a 为

$$C_a = \frac{\varepsilon_0 \varepsilon_r S}{h}$$

式中，C_a——压电元件内部电容；

ε_r——压电材料的相对介电常数；

ε_0——真空的介电常数；

S——压电元件电极面积；

h——压电晶片厚度。

因此，压电式传感器的等效电路有以下两种。

（1）当需要压电元件输出电荷时，可以把压电元件等效为一个电荷源与电容器并联的电荷等效电路，如图 6.8（a）所示。在开路状态下，其输出端电荷和电荷灵敏度为

$$q = U_a C_a$$

$$K = \frac{q}{F} = \frac{U_a C_a}{F}$$

式中，U_a——极板电荷形成的电压；

F——作用在压电晶片上的外力。

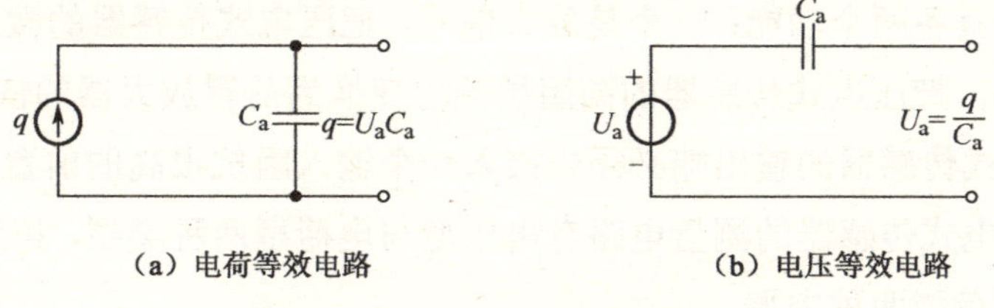

（a）电荷等效电路　（b）电压等效电路

图 6.8　压电式传感器等效电路

（2）当需要压电式传感器输出电压时，可以把压电元件等效为一个电压源与一个电容器串联的电压等效电路，如图 6.8（b）所示。在开始状态，其输出电压和电压灵敏度分别为

$$U_a = \frac{q}{C_a}$$

$$K = \frac{U_a}{F} = \frac{q}{C_a F}$$

由于压电元件的输出信号非常微弱，一般要对其输出信号通过配套的二次仪表进行信号放大与阻抗变换，所以还应考虑转换电路的输入电阻与输入电容，以及连接电缆的传输电容等因素的影响。压电式传感器在测量系统中的实际等效电路如图 6.9 所示，其中，图 6.9（a）为电荷等效电路，图 6.9（b）为电压等效电路。电路中除了有压电元件，还有转换电路的输入电阻 R_i 和输入电容 C_i、连接电缆的传输电容 C_c、压电式传感器的绝缘电阻 R_a。

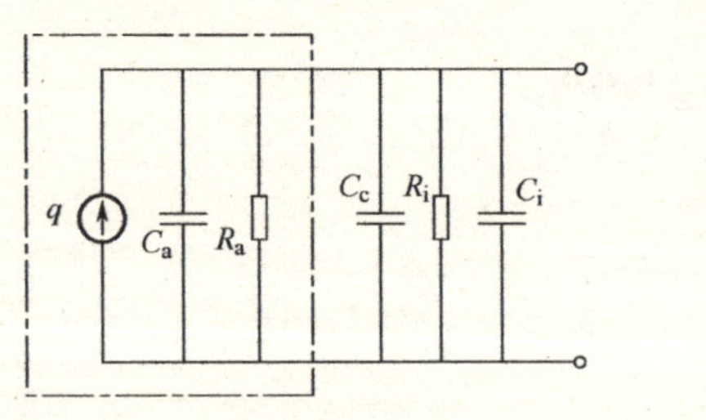

（a）电荷等效电路

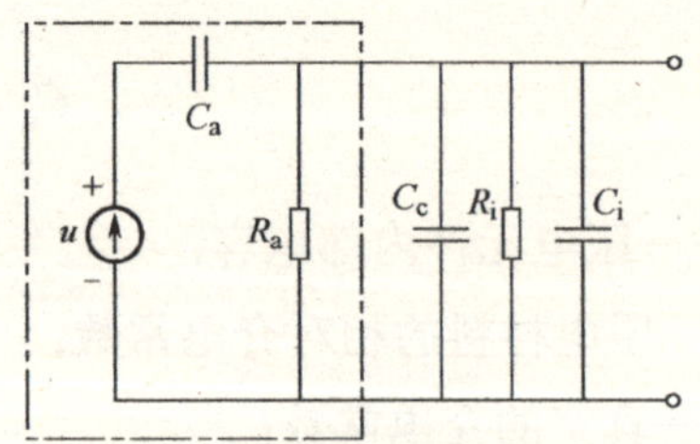

（b）电压等效电路

图 6.9　压电式传感器在测量系统中的实际等效电路

2．压电式传感器的测量电路

压电式传感器实质上是一个有源电容器，就必然存在与电容式传感器相同的缺点，即高内阻、小功率，因此必须加以解决。

第一，由于压电式传感器的内阻极高，所以难以直接使用一般放大器，通常应将传感器的输出信号输到测量电路的高输入阻抗前置放大器中变换成低阻抗输出信号，再送到测量电路的放大、检波、数据处理电路或显示设备。

第二，由于输出功率小，必须进行前置放大，并且要求放大倍数大、灵敏度高、输入阻抗 R_i 大。由此可见，压电式传感器测量电路中的关键部分是前置放大器，而这个前置放大器必须具备两个功能：一个是放大信号，把压电式传感器的微弱信号放大；另一个是阻抗变换，把压电式传感器的高阻抗输出变换为前置放大器的低阻抗输出。

总之，压电式传感器的输出端必须先接入一个输入阻抗很高的前置放大器，再接入一般放大器。压电式传感器的测量电路有电压型与电荷型两种类型，相应的前置放大器也有电压型与电荷型两种类型。

1）电压放大器

压电式传感器相当于一个静电荷发生器或电容器。为了尽可能保持压电式传感器的输出电压（或电荷）不变，要求电压放大器具有很高的输入阻抗（大于 1000MΩ）和很低的输出阻抗（小于 100MΩ）。图 6.10（a）是压电式传感器与电压放大器连接后的等效电路，图 6.10（b）是进一步简化后的电路图。

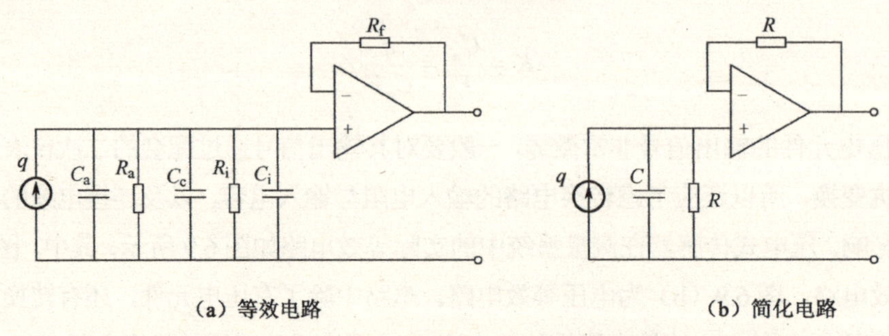

（a）等效电路　　（b）简化电路

图 6.10　压电式传感器与电压放大器连接

图 6.10（b）中的等效电阻 R 为

$$R = R_a // R_i = \frac{R_a R_i}{R_a + R_i}$$

等效电容 C 为

$$C = C_c // C_i // C_a = C_c + C_i + C_a$$

电压放大器的输入电压为

$$U_a = \frac{q}{C} = \frac{q}{C_c + C_i + C_a}$$

由上式可见，电压放大器的输出电压与电缆电容 C_c 有关，因此更换传感器和放大器的连接电缆会影响传感器的灵敏度。电压放大器的电路简单、元件便宜，但电缆长度对测量精度影响较大，不宜太长。随着集成运算放大器价格的降低，20 世纪 90 年代以后生产的仪器越来越多地使用电荷放大器。

2）电荷放大器

电荷放大器实际上是一个高增益放大器，压电式传感器与电荷放大器连接后的等效电路如图 6.11 所示。

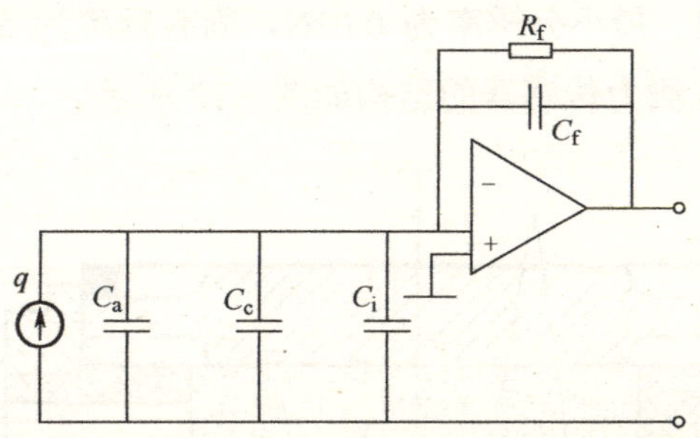

图 6.11 压电式传感器与电荷放大器连接后的等效电路

运算放大器的输出采用了场效应晶体管，因此放大器的输入阻抗 R_i 极高，为 1010～1012Ω，而传感器绝缘电阻 R_a 本身很大，可近似视为无穷大，所以图 6.11 中未画出。R_i 是直流反馈电阻，作用是稳定放大器的直流工作点。C_f 为反馈电容，C_a、C_c、C_i 与在电压放大器电路中一样。反馈电容折算到放大器输入端的等效电容为$(1+A)C_f$，则放大的输出电压 U_o 为

$$U_o = -AU_i = \frac{-Aq}{C_a + C_c + C_i + (1+A)C_f}$$

由于 A 很大（一般为 10^4～10^6），可使 $(1+A)C_f \gg C_a + C_c + C_i$，则 U_o 近似为

$$U_o \approx \frac{-Aq}{(1+A)C_f} \approx -\frac{q}{C_f}$$

由上式可以看出，电荷放大器的输出电压与反馈电容有关，而与连接电缆的传输电容无关，改变连接电缆尺寸不会影响传感器的灵敏度，这是电荷放大器最突出的优点。

在实际电路中，考虑到被测物理量的不同量程，反馈电容的容量选为可调的，范围一般在 100～1000pF。电荷放大器的测量下限主要由反馈电容与反馈电阻决定，即 f_L=1/2（$2\pi R_f C_f$）。一般 R_f 取值在 $10^{10}\Omega$ 以上，则 f_L 可小于 1Hz。所以，电荷放大器的低频响应也比电压放大器好得多，可用于测量变化缓慢的力。

6.1.3 压电式传感器的应用

1. 压电式测力传感器

压电式测力传感器的上盖受到外力时会产生弹性变形，使传感器中的石英晶片发生形变，根据石英晶片的纵压电效应在其侧面产生电荷，即将被测力转换为电量。该传感器的测力范围为 0～50N，最小分辨率为 0.01N，固有频率为 50～60kHz，整个传感器的质量只有 10g，压电式测力传感器的结构如图 6.12 所示。

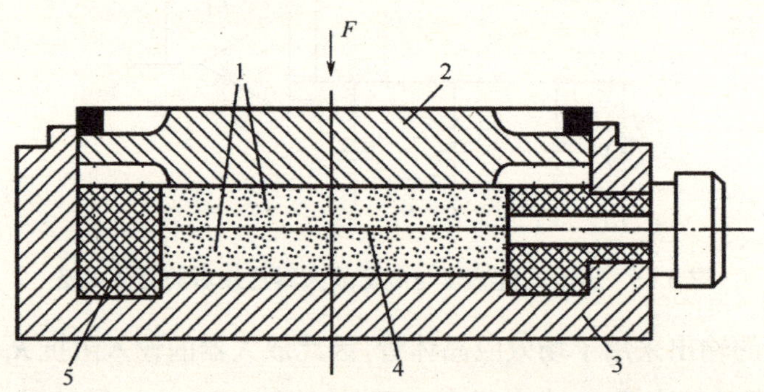

1—石英晶片；2—上盖；3—基座；4—电极；5—绝缘套

图 6.12 压电式测力传感器的结构

2. 压电式加速度传感器

压电式加速度传感器是一种可以输出与加速度成正比的电荷的转换装置。由于它具有结构简单、工作可靠、精度较高等优点，目前已成为冲击振动测量技术中使用非常广泛的一种传感器。压电式加速度传感器的主要元件是压电元件和质量块，当传感器感受到加速度时，通过质量块把加速度转换为动态力加在压电元件上，使压电元件表面产生电荷，根据电荷大小便可知被测加速度的大小，其结构如图 6.13 所示。

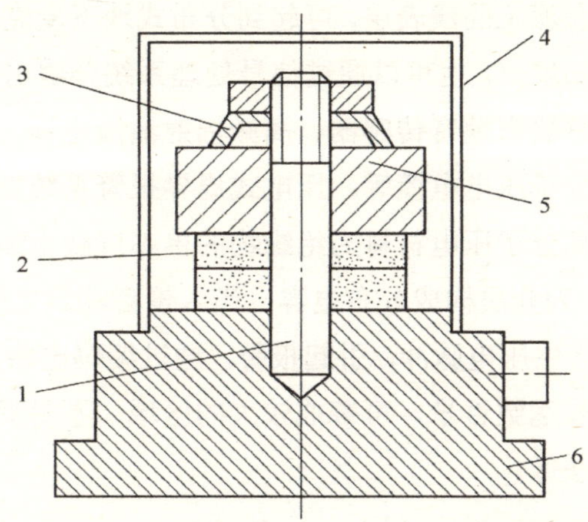

1—螺栓；2—压电元件；3—预压弹簧；4—外壳；5—质量块；6—基座

图 6.13　压电式加速度传感器的结构

3. 玻璃打碎报警装置

玻璃破碎时发出的振动频率有几千赫兹，将高分子压电薄膜粘贴在玻璃上，就可以感受到这一振动，图 6.14 为高分子压电薄膜振动感应片结构图。高分子压电薄膜是用聚偏二氟乙烯（PVDF）薄膜制成的，大小只有 10mm×20mm，厚度只有 0.2mm，在它的正、反两面各喷涂透明的二氧化锡导电电极，也可以用热印制工艺制作铝薄膜电极，再用超声波焊接上两根柔软的电极引线，并用保护膜覆盖。使用时，用黏合剂将其粘贴在玻璃上，当玻璃遭到暴力打碎时，压电薄膜感受到剧烈振动，并产生电荷，在其两个输出引脚之间产生窄脉冲信号，该信号经放大后通过电缆输送到集中报警装置，产生报警信号。由于感应片很小且透明，不易察觉，所以可安装在贵重物品柜台、展览橱窗上用于防盗报警。

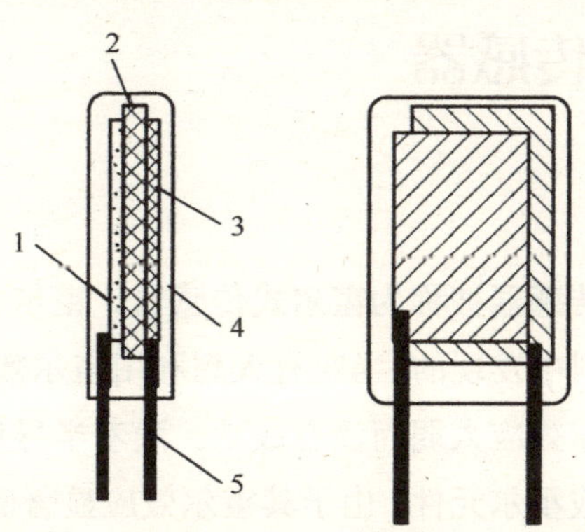

1—正面透明电极；2—PVDF 薄膜；3—反面透明电极；4—保护膜；5—引脚

图 6.14　高分子压电薄膜振动感应片结构图

4. 压电式周界报警系统

将长的压电电缆埋在泥土的浅表层，可起到分布式地下麦克风或听音器的作用，能探测几十米范围内人的脚步声，也可以通过信号处理系统分辨出轮式或履带式车辆。周界报警系统中常用的传感器有地音传感器、高频辐射漏泄电缆、红外激光遮断式电缆、微波多普勒探测器、高分子压电电缆等。压电式周界报警系统如图 6.15 所示。在警戒区域的四周埋设多根以高分子压电材料为绝缘物的单芯屏蔽电缆。屏蔽层接大地，它与电缆芯线之间以 PVDF 为介质构成分布电容，当入侵者踩到电缆上面的柔性地面时，该压电电缆受到挤压，产生压电脉冲，引起报警。通过编码电路，还可以判断入侵者的大致方位。压电电缆可长达数百米，可警戒较大的区域，不易受电、光、雾等的干扰，费用也比采用微波等方法低。

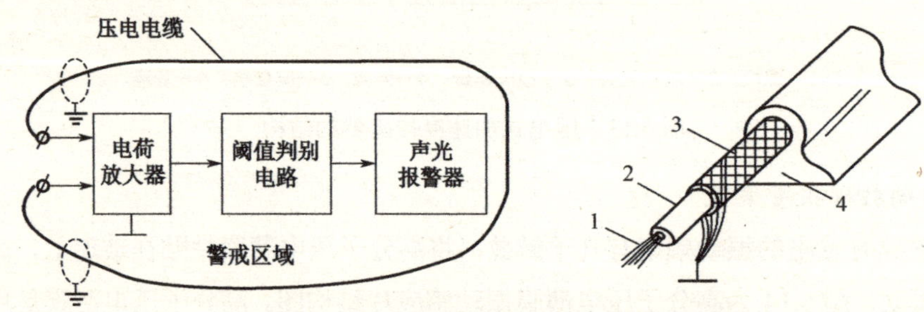

（a）原理框图　　（b）高分子压电电缆

1—铜芯线（分布电容内电极）；2—管状高分子压电塑料绝缘层；3—铜网屏蔽层（分布电容外电极）；4—橡胶保护层（承压弹性元件）

图 6.15　压电周界报警系统

6.2　霍尔式传感器

基于霍尔效应制成的传感器被称为霍尔式传感器。霍尔效应是 1879 年美国物理学家爱德文·霍尔在金属材料中发现的，当时有人想利用霍尔效应制成测量磁场的磁传感器，但终因金属材料的霍尔效应太弱而没有成功。随着半导体材料和制作工艺的发展，人们又利用半导体材料制成霍尔元件，由于其霍尔效应显著而得到使用和发展，广泛用于非电量测量、自动控制、电磁测量和计算装置等领域。

6.2.1　霍尔式传感器的工作原理

1．霍尔效应

将金属或半导体薄片置于磁场中，当有电流流过时，在垂直于电流和磁场的方向上将产生电动势，这种现象被称为霍尔效应。从本质上说，霍尔效应是半导体中的载流子受磁场中洛仑兹力作用而产生的。

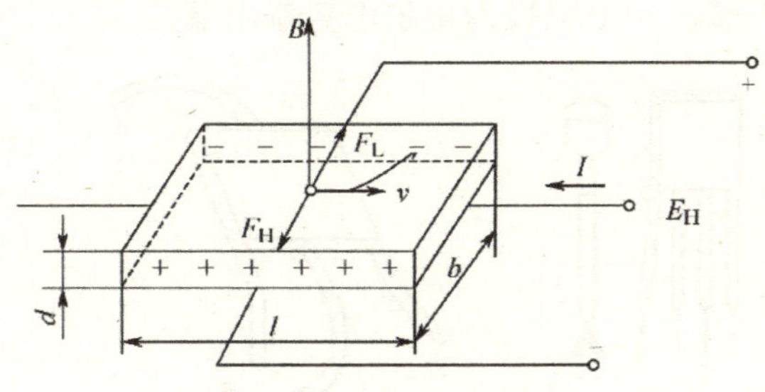

图 6.16　霍尔效应

如图 6.16 所示，将一块 N 型半导体薄片，置于磁感应强度为 B 的磁场中，使磁场方向垂直于薄片。若在薄片左、右两端通电流 I（称为控制电流），则半导体中的载流子（电子）将沿着与电流 I 相反的方向运动。在外磁场磁感应强度 B 的作用下，电子受到磁场力 F_L（洛仑兹力）作用运动方向朝半导体后端面发生偏转，使后端面上因积累电子而带负电，前端面上因缺少电子而带正电，在前、后端面之间形成一个电场。该电场使电子受到电场力 F_H，这个电场力方向和磁场力方向相反，阻止电子继续偏转。当 F_H 与 F_L 相等时，电子的积累达到动态平衡。这时，在半导体前、后端之间（即垂直于电流和磁场方向）形成稳定的电场，即霍尔电场 E_H，相应的电动势为霍尔电势 U_H，其表达式为

$$U_H = K_H IB = \frac{R_H IB}{d}$$

式中，U_H——霍尔电势；

K_H——霍尔元件的灵敏度系数；

R_H——霍尔系数；

d——霍尔元件的厚度；

I——半导体激励电流；

B——磁场的磁感应强度。

从上式可以看出，霍尔电势与磁感应强度和激励电流成正比，与霍尔元件的厚度成反比，所以为了提高霍尔电势，霍尔元件常制成薄片状。霍尔系数 R_H 与霍尔元件的电阻率和电子迁移率成正比，虽然金属材料的电子迁移率高，但其电阻率低，导致霍尔系

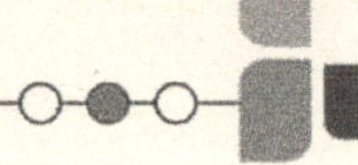

数小，不适合制成霍尔元件。因此，霍尔元件用电阻率和电子迁移率都比较高的半导体材料制成。

2．霍尔元件

图 6.17 所示为霍尔元件，其结构简单，一般为四端元件，如图 6.17（b）所示，从一个矩形薄片状半导体基片上两个相互垂直方向的侧面上，各引出一对电极，两个电极为激励电流输入端，另外两个电极为霍尔电势输出端。有的霍尔元件只有三个电极，两个电极为激励电流输入端，一个电极为霍尔电势输出端。

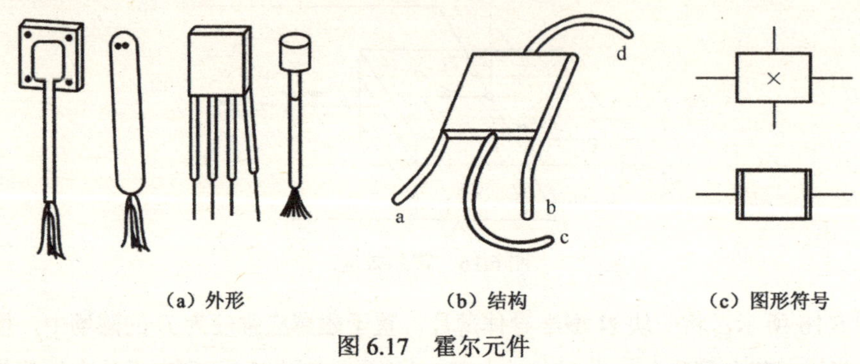

（a）外形　　（b）结构　　（c）图形符号

图 6.17　霍尔元件

霍尔元件具有许多优点：结构牢固，体积小，质量小，寿命长，安装方便，功耗小，频率高（可达 1MHz），耐振动，不怕灰尘、油污、水汽及盐雾等的污染或腐蚀。线性霍尔元件的精度高、线性度好；开关霍尔元件无触点、无磨损、输出波形清晰、无抖动、无回跳、位置重复精度高（可达微米级）。采用了各种补偿和保护措施的霍尔器件的工作温度范围为-55～150℃。

3．测量电路

霍尔元件的基本测量电路如图 6.18 所示，激励电流 I 由电压源 E 供给，其大小由可变电阻 R 调节。霍尔元件输出的霍尔电势 U_H 在负载电阻 R_L 上，R_L 可以是一般电阻，也可以是显示仪表、记录装置或放大器的输入电阻。在磁场与控制电流的作用下，负载上有电压输出。在实际使用时，I 或 B 或两者同时作为信号输入，而输出信号则正比于 I 或 B 或两者的乘积。

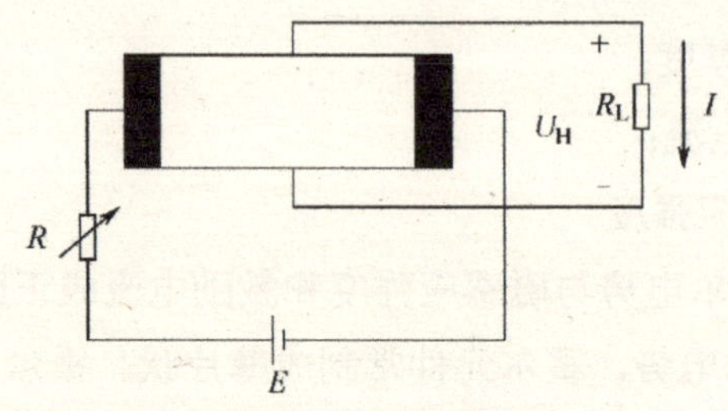

图 6.18　霍尔元件的基本测量电路

4．集成霍尔元件

随着微电子技术的发展，目前霍尔元件多数已集成化。集成霍尔元件有许多优点，如体积小、灵敏度高、输出幅度大、温度漂移小、对电流稳定性要求低等。集成霍尔元件可分为线性型和开关型两大类，线性型集成霍尔元件将霍尔元件和恒流源、线性放大器等集成在一个芯片上，输出电压较高，使用非常方便，目前得到了广泛的应用；开关型集成霍尔元件将霍尔元件和稳压电路、放大器、施密特触发器、OC 门等电路集成在同一块芯片上。

6.2.2　霍尔式传感器的应用

1．位移和压力的测量

霍尔电势与磁感应强度成正比，若磁感应强度是位移的函数，则霍尔电势的大小就可以用来反映霍尔元件的位置。根据此原理，霍尔式传感器可用来测量位移、力、压力、应变、机械振动、加速度等参数，霍尔式位移传感器和霍尔式压力传感器分别如图 6.19、图 6.20 所示。

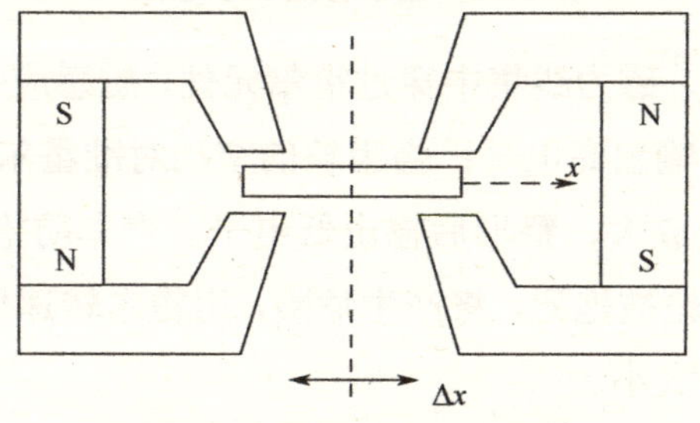

图 6.19　霍尔式位移传感器

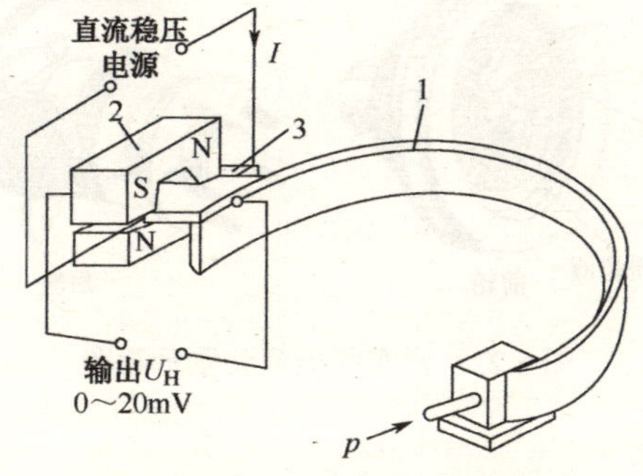

1—弹簧管；2—磁铁；3—霍尔片

图 6.20　霍尔式压力传感器

2．磁场的测量

在电流恒定的条件下，霍尔电势与磁感应强度成正比，根据此原理可以制成霍尔高斯计。由于霍尔元件的结构特点，霍尔高斯计特别适用于微小气隙中的磁感应强度、高梯度磁场参数的测量。

3．霍尔转速表

在需要测量转速的转轴上安装一个齿盘，或选取机械系统中的一个齿轮，将线性型霍尔器件及磁路系统靠近齿盘，齿盘的转动使磁路的磁阻随气隙的改变而发生周期性的变化，霍尔器件输出的微小脉冲信号经隔直、放大、整形后可以确定被测物的转速。霍尔转速表示意图如图 6.21 所示。

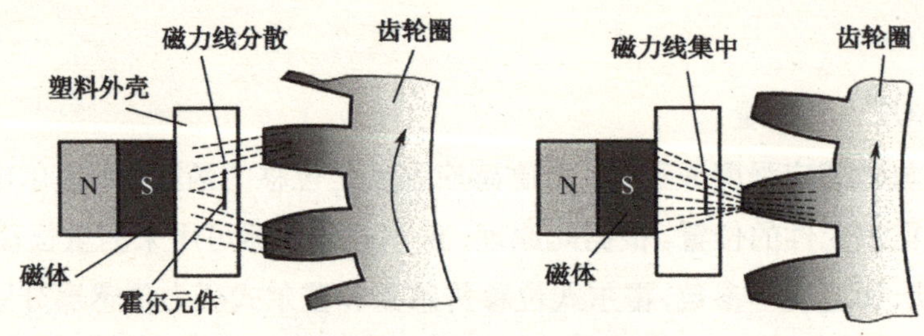

图 6.21　霍尔转速表示意图

当齿对准霍尔元件时，磁力线集中穿过霍尔元件，磁感应强度大，可产生较大的霍尔电势，经放大、整形后输出高电平；当齿轮的空挡对准霍尔元件时，磁感应强度小，产生较小的霍尔电势，经放大、整形后输出低电平。汽车防抱死装置示意图如图 6.22 所示，若汽车在刹车时车轮被抱死，将产生危险，用霍尔转速传感器来检测车轮的转动状态有助于控制刹车力的大小。

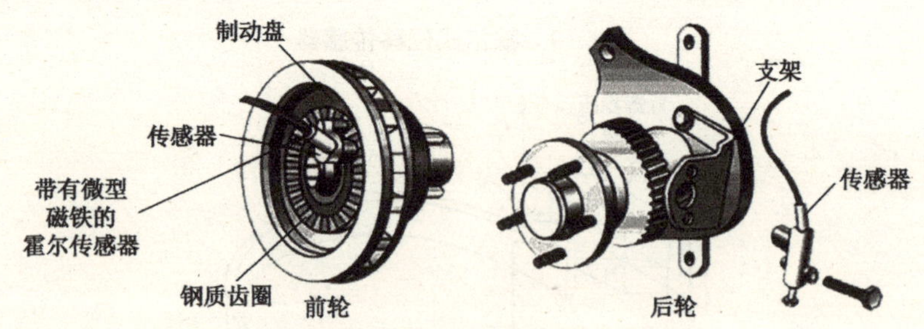

图 6.22　汽车防抱死装置示意图

4．霍尔式无刷电动机

霍尔式无刷电动机取消了换向器和电刷，而采用霍尔元件来检测转子和定子之间的相对位置，其输出信号经放大、整形后触发电子线路，从而控制电枢电流的换向，维持电动机的正常运转。由于霍尔式无刷电动机不产生电火花及电刷磨损等问题，具有效率高、无火花、可靠性强等优点，所以它在录像机、CD 播放器、光驱等家用电器中得到了广泛的应用。

5. 霍尔式接近开关

霍尔式接近开关可以感应磁性材料的接近，当磁铁的有效磁极接近并达到其动作距离时，霍尔式接近开关动作。霍尔接近开关一般还配有一块钕铁硼磁铁，用霍尔 IC 也能完成接近开关的功能，但是它只能用于铁磁材料的检测，并且需要建立一个较强的闭合磁场。当磁铁随运动部件移动到距霍尔接近开关几毫米时，霍尔 IC 的输出由高电平变为低电平，经驱动电路使继电器吸合或释放，控制运动部件停止移动（否则将撞坏霍尔 IC）从而起到限位的作用。

6. 霍尔电流传感器

钳形电流表是一种霍尔电流传感器，将钳形电流表的钳扣夹住需要检测电流的导线，如图 6.23 所示。当有电流通过导线时，在导线周围将产生磁场，磁力线集中在钳扣铁芯内，并在铁芯的缺口处穿过霍尔元件，从而产生与电流成正比的霍尔电压，通过电流表内置的电路进行转换就可以在显示屏上显示被测电流的大小或谐波频谱。

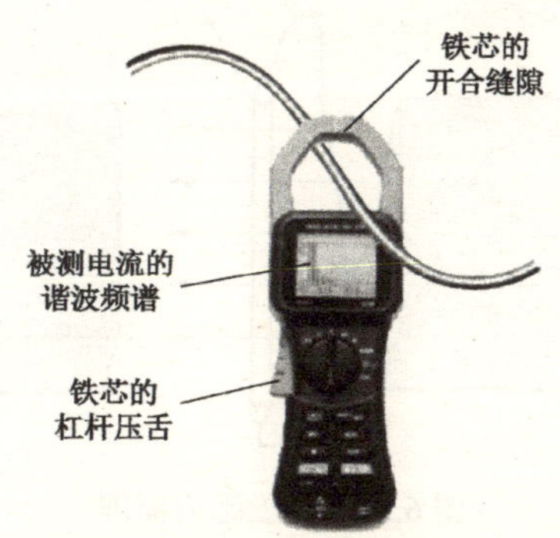

图 6.23　霍尔电流传感器

6.3　磁电式传感器

磁电式传感器是利用电磁感应原理，将输入的运动速度转换成线圈中的感应电势输出，它直接将被测物体的机械能量转换成电信号输出，工作时不需要外加电源，是一种典型的有源传感器。磁电式传感器按结构不同可分为开磁路式和闭磁路式两种类型，开磁路式传感器结构简单，输出信号较小，不宜在振动剧烈的场合使用；闭磁路式传感器由装在转轴上的外齿轮、内齿轮、线圈和永久磁铁组成，内、外齿轮有相同的齿数，当转轴连接到被测轴上一起转动时，由于内、外齿轮的相对运动，产生磁阻变化，在线圈中产生交流感应电动势，测出电动势的大小便可得到相应的转速值。

6.3.1 磁电式传感器的工作原理

如图 6.24 所示，当导体在均匀磁场中沿垂直磁场方向运动时，导体内产生的感应电动势为

$$e=Blv$$

式中，B——磁场的磁感应强度；

l——导体的有效长度；

v——导体相对磁场的运动速度。

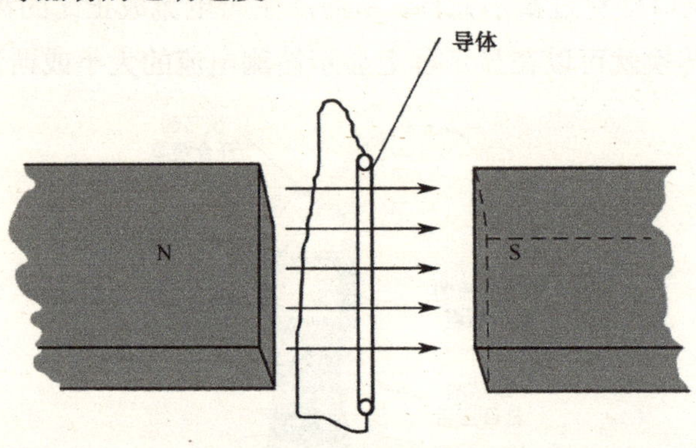

图 6.24 电磁感应原理

当一个线圈匝数为 N 且相对磁场静止的导体处于变化的磁场中时，导体回路中也会产生感应电动势 e，e 的大小与穿过线圈磁通 Φ 的变化率有关，即

$$e=-N\mathrm{d}\Phi/\mathrm{d}t$$

式中，Φ——导体回路每匝包围的磁通量；

N——线圈匝数。

磁电式传感器是以导体和磁场发生相对运动而产生感应电动势为基础的电势型传感器，其外形如图 6.25 所示。其结构基本上分为两部分：一部分是磁路系统，通常由永久磁铁产生恒磁场；另一部分是工作线圈。按照磁路结构不同磁电式传感器可以分为变磁通式和恒磁通式两类。

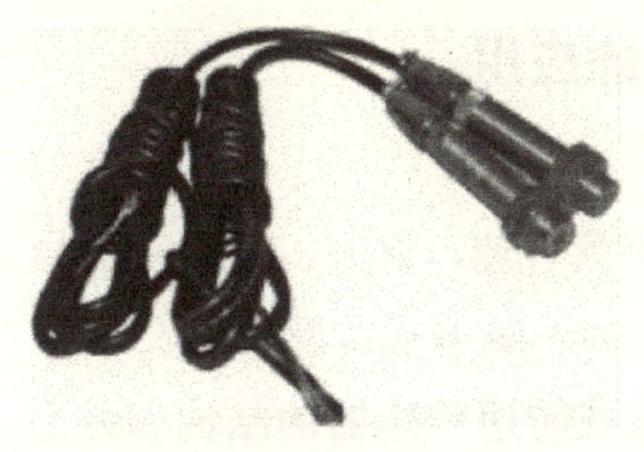

图 6.25　磁电式传感器

变磁通式磁电传感器又称磁阻式磁电传感器，传感器中的线圈、磁铁静止不动，被测物体转动引起磁阻、磁通发生变化。变磁通式磁电传感器常用于角速度的测量，其典型结构如图 6.26 所示。当铁齿轮旋转时，齿的凹凸引起永久磁铁磁路中磁阻的变化，使磁路中的磁通量发生变化，从而使线圈中感应出电动势。

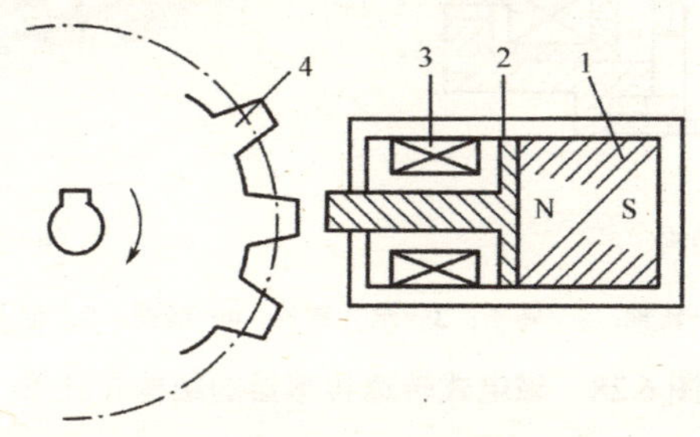

1—永久磁铁；2—软铁；3—感应线圈；4—铁齿轮

图 6.26　变磁通式磁电传感器

恒磁通式磁电传感器又称动圈式磁电传感器，传感器的磁路系统恒定，磁场中的运动部件可以是线圈，也可以是磁铁，其典型结构如图 6.27 所示。该传感器的磁路系统由圆柱形永久磁铁和圆筒形磁轭及它们之间的空气隙组成，空气隙中的磁场是均匀的。传感器线圈与被测物体连接，当被测物体做直线运动时，带动线圈与固定的磁场发生相对运动从而产生感应电动势，其大小与直线运动速度成正比。动圈式磁电传感器一般用于振动速度的测量，由于它的工作频率不高、输出信号足够大，配用一般的交流放大器即能满足要求。

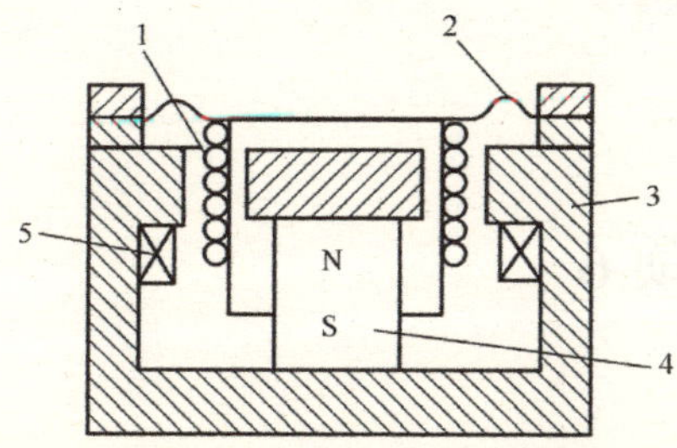

1—工作线圈；2—弹簧；3—磁轭；4—永久磁铁；5—补偿线圈

图 6.27　恒磁通式磁电传感器

6.3.2　磁电式传感器的应用

可以采用磁电式传感器测量转速，首先，其输出信号大，无须放大；其次，其抗干扰性能好，无须外接电源；最后，磁电式传感器可在烟雾、水汽、油气、煤气等恶劣环境中使用。图 6.28 所示为磁电式转速传感器的结构和外形，磁电式转速传感器由转子、定子、永久磁铁、线圈等元件组成，其转子和定子均用工业纯铁制成，在它们的圆形端面上有均匀铣出的槽形。

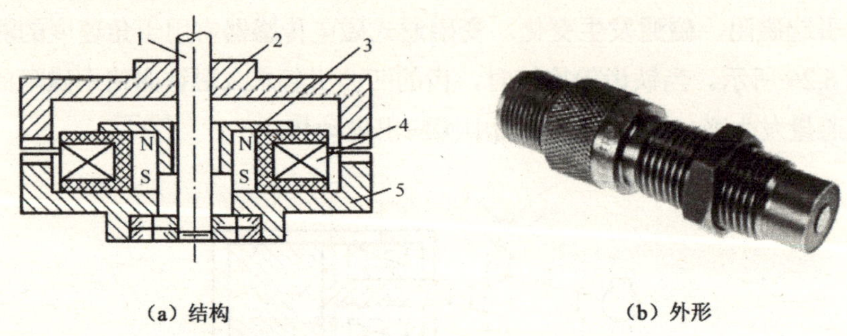

（a）结构　　　　　　（b）外形

1—转轴；2—转子；3—永久磁铁；4—线圈；5—定子

图 6.28　磁电式转速传感器的结构和外形

在测量时，将传感器的转轴与被测物体的转轴进行连接，当转子的齿与定子的齿凸面相对时，气隙最小，磁通最大；当转子的齿与定子的齿凸面与凹面相对时，气隙最大，磁通最小。这样当定子不动而转子转动时，磁通量就周期性地变化，从而在线圈中感应出近似正弦波的电动势信号。若该转速传感器的输出量是以感应电动势的频率 f 来表示的，则被测转速 n 与其频率 f 之间的关系为

$$n=60f/Z$$

式中，n——被测体的转速；

Z——定子或转子端面的齿数；

f——感应电动势的频率。

思考题与习题 6

1．什么是正压电效应？什么是逆压电效应？

2．压电材料分为哪三大类？

3．石英晶体有哪三条轴？在哪些轴方向上有压电效应？

4．未极化的压电陶瓷有没有压电效应？要怎样进行极化处理？

5．压电式传感器有哪两种等效电路？

6．压电式传感器的前置放大器有哪两种？其中哪一种应用更多？为什么？

7．什么是霍尔效应？由霍尔效应产生的霍尔电势的表达式是什么？

8．为什么金属材料不适合制成霍尔元件？

9．霍尔转速表是怎样确定被测物的转速的？

10．采用磁电式传感器测量转速的原理是什么？

第 7 章　光电式传感器

7.1　光电元件

光电式传感器的核心部件是光电元件，光电元件是一种基于光电效应，可以把光信号转换为电信号的元件。光电式传感器可用于检测直接引起光信号变化的非电量，如光强、光照度、辐射温度、气体成分等；也可用来检测间接引起光信号变化的其他非电量，如应变、位移、振动、速度、加速度，以及物体的形状、表面粗糙度、接近程度、工作状态等。光电式传感器具有非接触测量、响应速度快、性能可靠等优点，因此，在工业自动化装置和机器人技术中得到了广泛的应用。

7.1.1　光电效应

光电效应，是指物体将光能转换为该物体中某些电子的能量而产生的电效应，简单来说就是物体在光的照射下释放电子的现象。被释放的电子为光电子，光电子在外电场中运动所形成的电流为光电流。光电效应一般可分为外光电效应和内光电效应两种。

1. 外光电效应

在光线的作用下，物体内的电子逸出物体表面向外发射的现象被称为外光电效应，又称光电子发射效应。基于外光电效应的光电元件有光电管和光电倍增管。

光子是具有能量的粒子，每个光子具有的能量可由式（7.1）确定，即

$$E = h\nu = \frac{hc}{\lambda} \tag{7.1}$$

式中，h——普朗克常数，h=6.626×7^{-34}J·s；

ν——光子的频率；

c——光速，c=3×10^8m/s；

λ——光的波长。

由式（7.1）可见，不同频率和波长的光具有不同的能量，光的频率越高（即波长越短），光子的能量就越大，光的能量就是光子能量的总和。

物体中的电子吸收入射光子的能量，当吸收的能量足以克服物体的表面逸出功 A_0 时，电子就可以逸出物体表面，产生光电子发射。换句话说，如果一个电子要想逸出物体表面，其吸收的光子的能量必须大于物体的表面逸出功 A_0，大于的部分表现为逸出电子的动能，即

$$\frac{1}{2}mv^2 = h\nu - A_0 \tag{7.2}$$

2．内光电效应

在光线的作用下，物体吸收入射光子的能量，在物体内部激发载流子，但这些载流子仍留在物体内部，从而使其导电性或物体内部的电荷分布发生变化，这种现象被称为内光电效应。内光电效应有两种：光电导效应和光生伏特效应。

1）光电导效应

物体受光照后，吸收入射光子的能量，其内部载流子被激发，从而使其电阻率下降，这种现象被称为光电导效应。绝大多数高电阻半导体都具有内光电效应，基于内光电效应的光电元件有光敏电阻，其常用的材料有硫化镉（CdS）、硫化铅（PbS）、锑化铟（InSb）、非晶硅（α-Si）等。

当光照射到光电半导体上时，若这个光电半导体是本征半导体材料，并且光辐射能量又足够强，则半导体材料价带上的电子将被激发到导带上去，从而使导带的电子和价带的空穴增加，致使光导体的电导率变大。材料的光导性能取决于禁带宽度，入射光子的能量应大于禁带宽度 E_g，即

$$h\nu = \frac{hc}{\lambda} \geqslant E_g \tag{7.3}$$

2）光生伏特效应

在光线的作用下，物体在一定方向上产生电动势的现象被称为光生伏特效应。当光线照射到距物体表面很近的半导体 PN 结时，PN 结及附近的半导体所吸收的光能量大

于其禁带宽度，则电子从价带跃迁到导带，成为自由电子，而价带则相应产生空穴，形成电子-空穴对。在PN结的电场作用下，电子向N区外侧移动，空穴向P区外侧移动，使得P区带正电，N区带负电，形成光电动势。PN结光生电流正比于入射光照度，光生电压正比于入射光照度的对数。基于PN结光生伏特效应的光电元件有光敏二极管、光敏三极管、光电池等。

7.1.2 常见的光电元件

1．光电管

1）光电管的结构

光电管有真空光电管和充气光电管两种类型，二者结构类似，都有一个涂有光电材料的阴极 K 和一个阳极 A，一起封装在玻璃壳内，两个电极之间没有接触，如图 7.1 所示。光电管的特性主要取决于光电管的阴极材料，常见的阴极材料有银氧铯、锑铯、铋银氧铯及多碱光电阴极等。

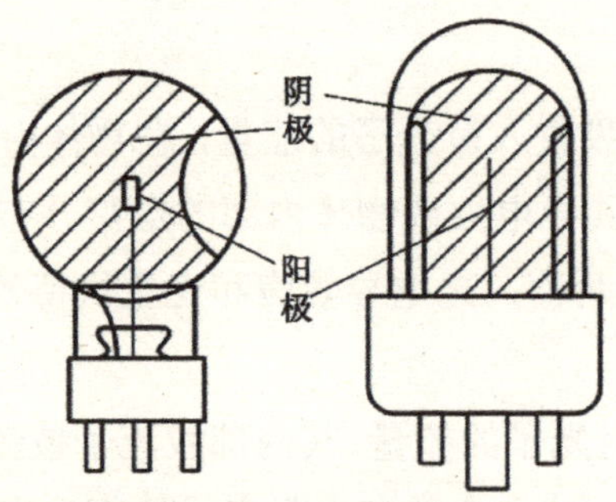

图 7.1 光电管的结构

2）光电管的工作原理

如图 7.2 所示，将阳极 A 接电源正极，阴极 K 接电源负极，无光照时，因光电管阴极不发射光电子，阴极和阳极断开，电路不通，电流 I=0。当入射光照射在阴极上时，光电管阴极在外光电效应下往外发射光电子，由于阳极的电位高于阴极，阳极便会吸引由阴极发射的光电子，在光电管组成的回路中形成空间光电流 I，并在负载 R 上输出电压 U_o。在入射光的频谱成分和光电管电压不变的条件下，输出电压正比于入射光通量。

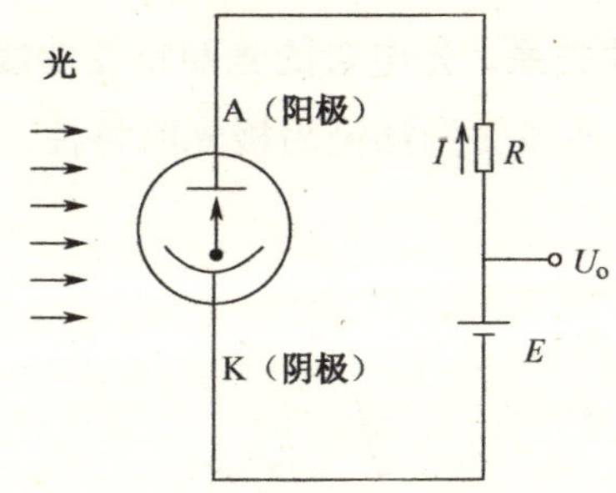

图 7.2 光电管工作原理

3）光电管的主要特性

光电管的主要特性包括由伏安特性、光照特性、光谱特性、响应时间、峰值探测率和温度特性。

（1）伏安特性

光电管的伏安特性，是指在一定光通量的光照下，光电管的阳极和阴极之间的电压 U_{AK} 与电流 I 之间的关系。光电管的伏安特性曲线如图 7.3 所示。

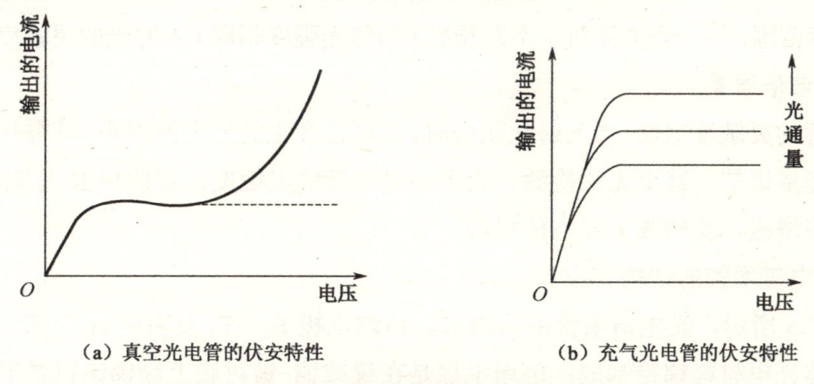

图 7.3 光电管的伏安特性曲线

充气光电管的构造和真空光电管的构造基本相同，其优点是灵敏度更高；缺点是在玻璃外壳内充以少量的惰性气体，其灵敏度随电压变化的稳定性、频率特性等都较差。当阳极电压 U_A 较小时，阴极发射的光电子只有一部分被阳极收集，其余部分仍返回阴极。因此，随着阳极电压 U_A 的升高，阳极在单位时间收集到的光电子数增多，光电流 I 增大，此时伏安特性呈线性关系。当阳极电压 U_A 升高到一定数值时，阴极发射的光电子全部被阳极收集，达到饱和状态，此时，阳极电压再升高，光电流也不再增加。

（2）光照特性

光照特性，是指在光电管阳极电压和入射光频谱一定的条件下，入射光的光通量与光电流之间的关系。在光电管阳极电压 U_A 足够大，能使光电管在饱和状态工作时，入射光的光通量和光电流呈线性关系。光电管的光照特性曲线如图 7.4 所示，曲线 1 为银氧铯阴极光电管的光照特性，曲线 2 为锑铯阴极光照特性，曲线的斜率即为光电管的灵敏度 K。

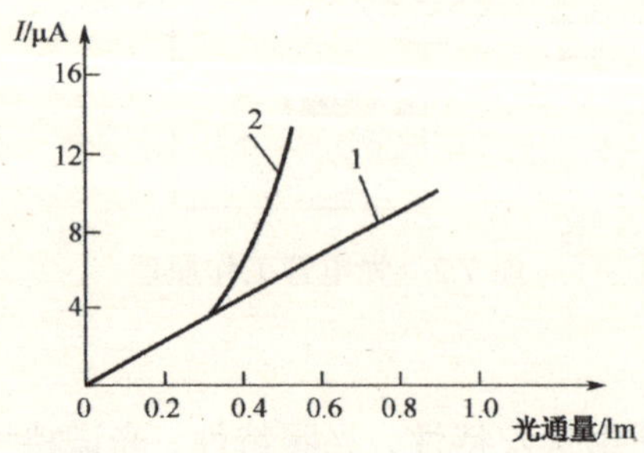

图 7.4 光电管的光照特性曲线

（3）光谱特性

光电管的光谱特性通常，是指阳极和阴极之间所加电压一定时，入射光的波长 λ（或频率 ν）与其绝对灵敏度的关系。它主要取决于阴极材料。阴极材料不同的光电管适用于不同的光谱范围，同一光电管对于不同频率（即使光强度相同）入射光的灵敏度也不同。

2. 光电倍增管

光电管的灵敏度很低，当入射光微弱时，光电管产生的光电流很小，只有几十微安，容易造成测量误差，甚至无法检测。为提高光电管的灵敏度，在阴极 K 与阳极 A 之间安装一些倍增极，就构成了光电倍增管。

1）光电倍增管的结构

如图 7.5 所示，光电倍增管由阴极 K、倍增电极 E_1～E_4 及阳极 A 三部分组成。阴极由半导体光电材料锑铯制成；倍增电极是在镍或铜-铍衬底上涂锑铯材料形成的，通常有 12～14 级，多者达 30 级；阳极用来最后收集电子。

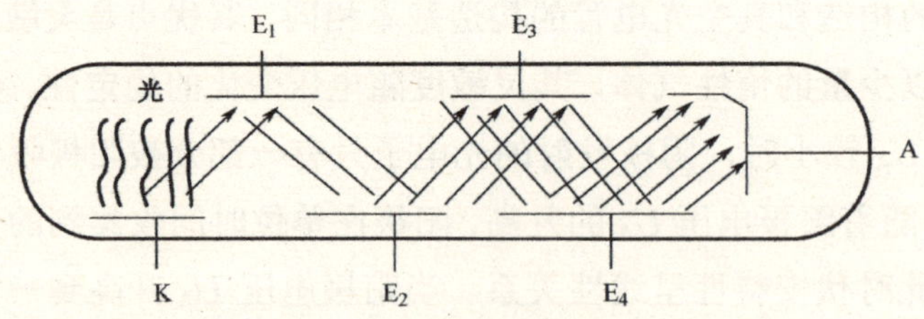

图 7.5 光电倍增管的结构

2）光电倍增管的工作原理

光电倍增管中各倍增电极上均加有电压，阴极电位最低，各倍增电极的电位依次升高。由于相邻两个倍增电极之间有电位差，所以存在加速电场可以使电子加速。从阴极发射出的光电子，在加速电场的作用下，打在电位比阴极高的第一倍增极上，打出 3～6 倍的二次电子；被打出来的二次电子再经加速电场加速，又打在比第一倍增电极电位高的第二倍增电极上，电子数又增加 3～6 倍。如此连续倍增，直到最后一级倍增电极产生的二次电子被更高电位的阳极收集为止。其电子数将达到阴极发射电子数的 10^5～10^6 倍。由此可见，光电倍增管的放大倍数非常高的，因此，即使是很微弱的光照，也能产生很大的光电流。

3．光敏电阻

光敏电阻是基于半导体光电导效应制成的光电器件，又称光导管，其示意图如图 7.6 所示。光敏电阻没有极性，是一个纯电阻器件，使用时既可以加直流电压，也可以加交流电压。当无光照时，光敏电阻值很大，电路中电流很小；当有光照时，光敏电阻值急剧减少，电流迅速增加。

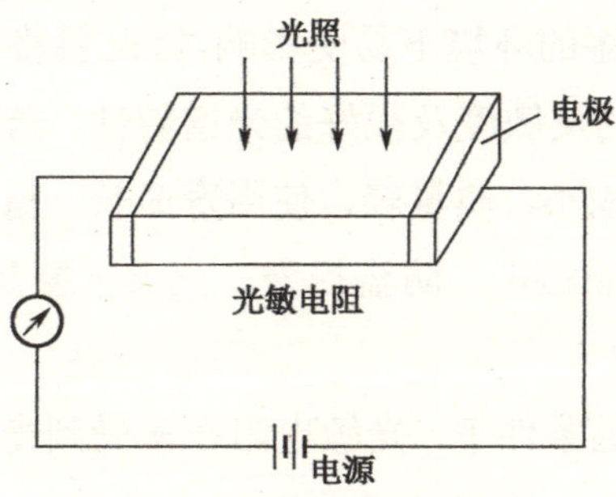

图 7.6　光敏电阻示意图

1）光敏电阻的结构和工作原理

光敏电阻的结构及电路符号如图 7.7 所示。

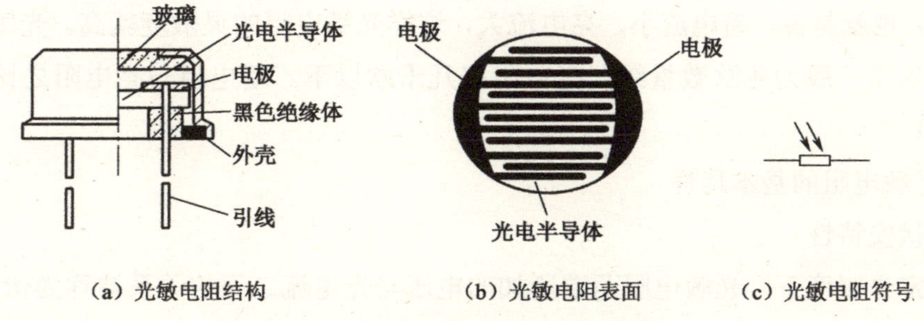

图 7.7　光敏电阻的结构及电路符号

光敏电阻的结构比较简单，如图 7.7（a）所示，在玻璃基板上均匀地涂上薄薄的一层半导体物质，如硫化镉（CdS）等，然后在半导体的两端装上金属电极，再将其封装在塑料壳体内。为了防止周围介质的污染，通常在半导体光敏层上覆盖一层漆膜，选择的漆膜成分应使它在光敏层最敏感的波长范围内透射率最大。如果把光敏电阻连接在外电路中，在外加电压的作用下，光照能改变电路中电流的大小，光敏电阻接线图如图 7.8 所示。

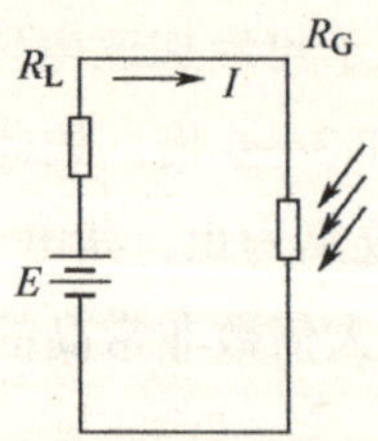

图 7.8　光敏电阻接线图

当无光照时，光敏电阻的电阻值很大，一般在 100MΩ 以上，电路的暗电流很小；当受到一定波长范围内的光照射时，其电阻值急剧减小，光照越强，阻值越小，电路电流随之迅速增加。根据电流表测出的电流变化值，便可得知照射光的强弱，当光照停止时，光电效应消失，电阻恢复原值。

光敏电阻的灵敏度在潮湿的环境下易受影响，因此要将光电导体严密地封装在玻璃壳体中。光敏电阻具有很高的灵敏度及很好的光谱特性，光谱响应的波长范围可以从紫外区一直到红外区，而且体积小，质量轻，使用寿命长，稳定性能高，价格便宜，制造工艺简单，因此广泛应用于照相机、防盗报警、火灾报警及自动化技术等领域。

2）光敏电阻的主要参数

暗电阻与暗电流：在室温条件下，光敏电阻在未受到光照射时的阻值为暗电阻，此时流过的电流为暗电流。

亮电阻与亮电流：在室温条件下，光敏电阻在受到某一束光照射时的阻值为亮电阻，此时流过的电流为亮电流。

光电流：亮电流与暗电流之差为光电流。光敏电阻的暗电阻越大，亮电阻越小，则性能越好。也就是说，暗电流小，亮电流大，这样光敏电阻的灵敏度就高。光敏电阻的暗电阻的阻值一般为兆欧数量级，亮电阻在几千欧以下。暗电阻与亮电阻之比一般在 10^2～10^6Ω。

3）光敏电阻的基本特性

（1）伏安特性

在一定光照度下，光敏电阻两端所加的电压与光电流之间的关系被称为伏安特性。光敏电阻的伏安特性曲线如图 7.9 所示。

由伏安特性可知，在给定的电压下，光照度越大，光电流就越大；在一定的光照度下，所加电压越大，光电流就越大，而且没有饱和现象。但也不能无限制地增加电压，因为任何光敏电阻都有最大工作功率、最大工作电压和最大工作电流。光敏电阻的最高功率是由耗散功率决定的，而光敏电阻的耗散功率又和面积大小及散热条件等因素有关。

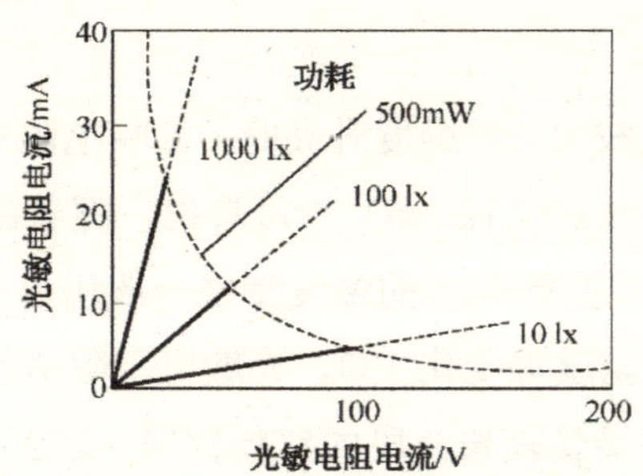

图 7.9　光敏电阻的伏安特性曲线

（2）光照特性

光敏电阻的光电流与入射光的光通量之间的关系被称为光敏电阻的光照特性。不同类型的光敏电阻的光照特性是不同的，但大多数光敏电阻的光照特性曲线是非线性的，如图 7.10 所示。因此，它不宜作为定量检测元件，一般在自动控制系统中常用作开关式光电传感器。

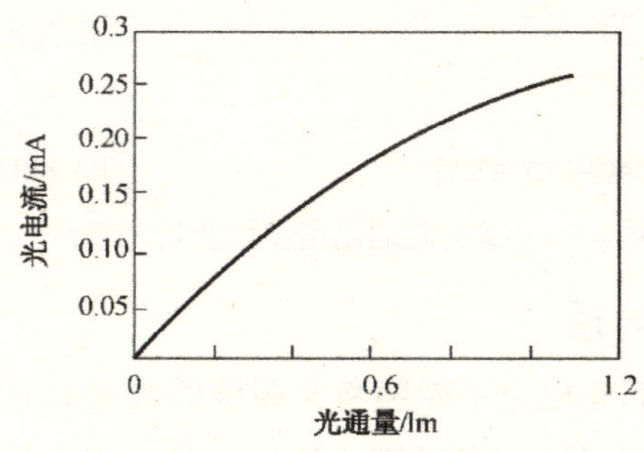

图 7.10　光敏电阻的光照特性曲线

（3）光谱特性

光敏电阻对不同波长的光的灵敏度是不同的，几种常用的光敏电阻的光谱特性曲线如图 7.11 所示。从中可以看出，硫化镉光敏电阻的光谱响应峰值在可见光区域，而硫化铅光敏电阻的光谱响应峰值在红外区域。因此，在选用光敏电阻时要综合考虑元件和光源的种类，才能获得满意的结果。

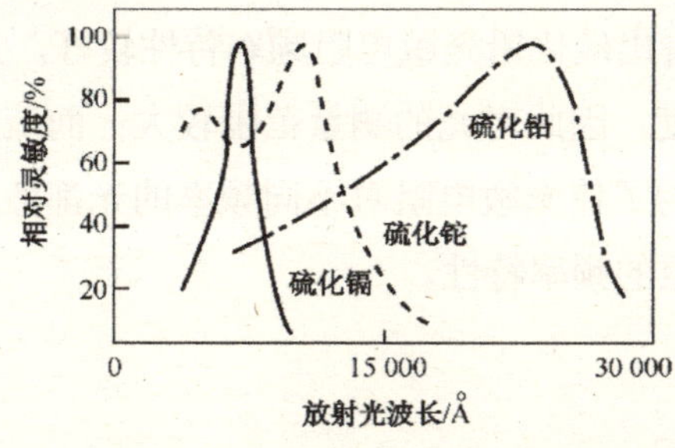

图 7.11　光敏电阻的光谱特性曲线

（4）温度特性

光敏电阻受温度的影响较大，当温度升高时，其暗电阻和灵敏度都下降，同时温度变化也影响它的光谱特性。从图 7.12（b）中可看出，随着温度的升高，光谱特性曲线的峰值向波长短的方向移动。光敏电阻的温度特性一般用温度系数 α 来表示，温度系数的定义为：在一定光照下，温度每变化 1℃，光敏电阻阻值的平均变化率。为了提高光敏电阻的灵敏度或为了能够接受较长波段的红外辐射，必须采取一些降温措施，以提高光敏电阻对长波长光的响应。

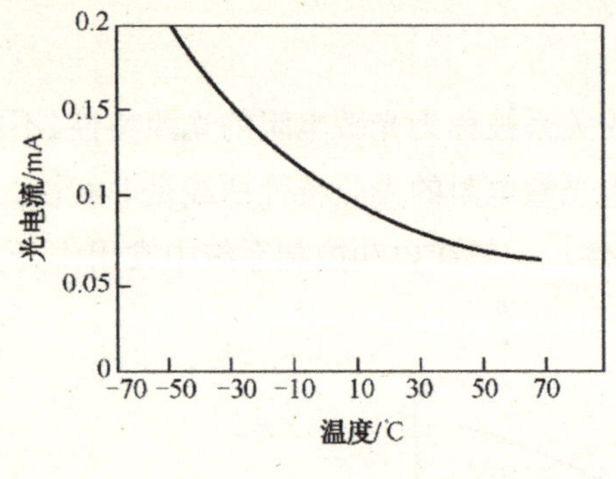

（a）硫化铅光敏电阻的温度特性

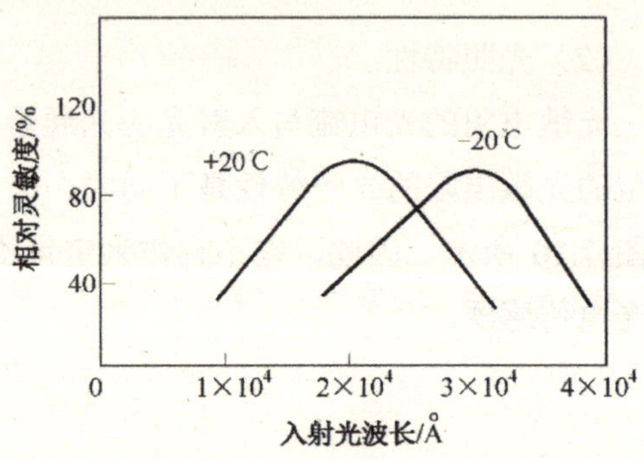

（b）硫化铅光敏电阻的光谱温度特性

图 7.12　硫化铅光敏电阻的温度特性及其光谱温度特性曲线

（5）响应时间和频率特性

实验证明，光敏电阻的光电流不能随着光照度的改变而立即改变，即光敏电阻产生的光电流有一定的惰性，要经过一段时间才能达到稳态值；而在停止光照后，光电流也不立刻为零，同样要经过一段时间才能为零。这个惰性通常被称为时间常数，用 t 来表示。光敏电阻从受光照到电流上升到稳定值的 63%所需时间为 t_1，从停止光照到电流下降为原来的 37%所需要的时间为 t_2，如图 7.13（a）所示，上升时间和下降时间是表征光敏电阻性能的重要参数之一。上升时间和下降时间小，表示光敏电阻的惰性小，对信号响应迅速。但大多数光敏电阻的时间常数都较大，这是它的缺点之一。

图 7.13（b）所示为硫化镉和硫化铅光敏电阻的频率特性，表示光敏电阻对不同频率光的敏感程度，从中可以看出硫化铅光敏电阻频率特性较好，光照频率从 0 到 10 000Hz 都能保持较高的相对灵敏度，因此对光的测量范围较大；而硫化镉光敏电阻在光照频率升高时灵敏度有所下降。为了使光敏电阻对不同频率的光都敏感，目前可通过改进工艺来改善各种材料的光敏电阻的频率特性。

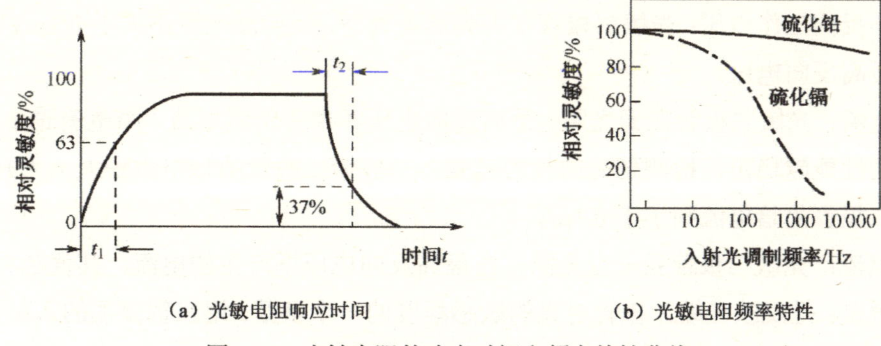

（a）光敏电阻响应时间　　（b）光敏电阻频率特性

图 7.13　光敏电阻的响应时间和频率特性曲线

4．光敏二极管

1）光敏二极管的结构与工作原理

光敏二极管又称光电二极管，是常见的光电元件。它的结构与一般二极管相似，装在透明玻璃外壳中，如图 7.14（a）所示。光敏二极管与普通二极管的不同之处在于，它的 PN 结装在透明管壳的顶部，可以直接感受到光照，为增加受光面积，PN 结的面积做得较大。光敏二极管在电路中一般处于反向工作状态，并与负载电阻串联，它的符号、工作电路及工作原理分别如图 7.14（c）、（d）、（e）所示。

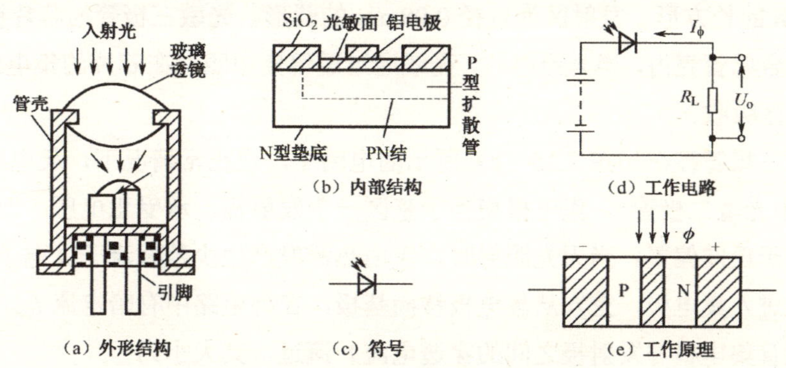

（a）外形结构　（b）内部结构　（c）符号　（d）工作电路　（e）工作原理

图 7.14　光敏二极管的结构与工作原理

当无光照时，光敏二极管与普通二极管一样，依靠少数载流子的漂移运动产生很小的反向电流，被称为光敏二极管的暗电流；当有光照时，PN 结附近受光电子的轰击，半导体内被共价键束缚的价电子吸收光子能量挣脱共价键变为自由电子，产生光生电子-空穴对，使少数载流子的浓度大大增加，并在 PN 结形成的电场作用下做定向运动从而形成光电流，光照度越大，光电流就越大。故光敏二极管不受光照时处于截止状态，受光照时处于导通状态。光电流通过电路中的负载电阻 R_L 时，电阻两端将得到随入射光强度变化而变化的电压信号，光敏二极管就是这样来完成光电转换的。

2）光敏二极管的主要技术参数

最高反向工作电压：光敏二极管在无光照条件下，反向漏电流不大于 0.1μA 时所能承受的最高反向电压。

暗电流：光敏二极管在无光照、最高反向电压条件下的漏电流。暗电流越小，光敏二极管的性能越稳定，检测弱光的能力越强，一般锗二极管的暗电流较大，为几微安，硅光敏二极管的暗电流则小于 0.1μA。

光电流：光敏二极管受一定光照、在最高反向电压下产生的电流，其值越大越好。

灵敏度：是反映光敏二极管对光的敏感程度的一个参数，用在每微瓦的入射光能量下所产生的光电流来表示。其值越高，说明光敏二极管对光的反映就越灵敏。

响应时间：光敏二极管将光信号转换成电信号所需的时间。响应时间越短，说明其光电转换速度越快，即工件频率越高。

5. 光敏三极管

1）光敏三极管的结构与工作原理

光敏三极管有 PNP 型和 NPN 型两种类型。它在结构上与普通三极管类似，不同之处是通常只有两个电极，如图 7.15 所示。为适应光电转换的要求，它的基区面积做得较小，并在基区边缘，以避免发射极引线遮住基区而影响灵敏度，光敏三极管的基区为 1mm×0.5mm 的长方形，发射区为直径 0.08mm 的圆形。光敏三极管的芯片被装在带有玻璃透镜的金属管壳内，当光照射时，光线通过透镜集中照射在芯片的集电结上，入射光主要被基区吸收。

将光敏三极管接在如图 7.15（c）所示的电路中，在正常情况下，集电结为受光结（相当于一个光敏二极管）。集电极相当于基区一个发射极，承受正电压；而基极开路，则集电结处于反向偏置。当无光照射时，仅由热激发产生少数载流子（电子-空穴对），电子从基极进入集电极，空穴从集电极移向基极，在外电路中有暗电流 I_{ceo}（正常情况下光敏三极管集电极与发射极之间的穿透电流）流过，其大小为

$$I_{ceo} \approx (1+\overline{\beta})I_{cbo} \tag{7.4}$$

式中，$\overline{\beta}$ ——共射极直流放大系数；

I_{cbo}——集电极与基极间的反向饱和电流。

当光照射在光敏面（集电结）上时，光照激发产生的光生电子-空穴对增加了少数载流子的浓度，由于集电结处于反向偏置，内电场增强。在内电场的作用下，光生电子漂移到集电区，在基区留下空穴，使基极电位升高，促使发射区的大量电子经基区被集电区收集而形成放大的集电极光电流，即

$$I_c = \overline{\beta} I_s \tag{7.5}$$

式中，I_s——集电结的光生电流；

$\bar{\beta}$——光敏三极管的直流放大系数。

可以看出，光敏三极管利用类似普通半导体三极管的放大作用将电流放大了 $(1+\bar{\beta})$ 倍。所以，光敏三极管比光敏二极管具有更高的灵敏度。

光敏三极管是由硅或锗制作的，由于硅器件暗电流较小，温度系数较低，又便于平面工艺批量生产，尺寸易于控制，因此，使用较多的是硅光敏三极管。

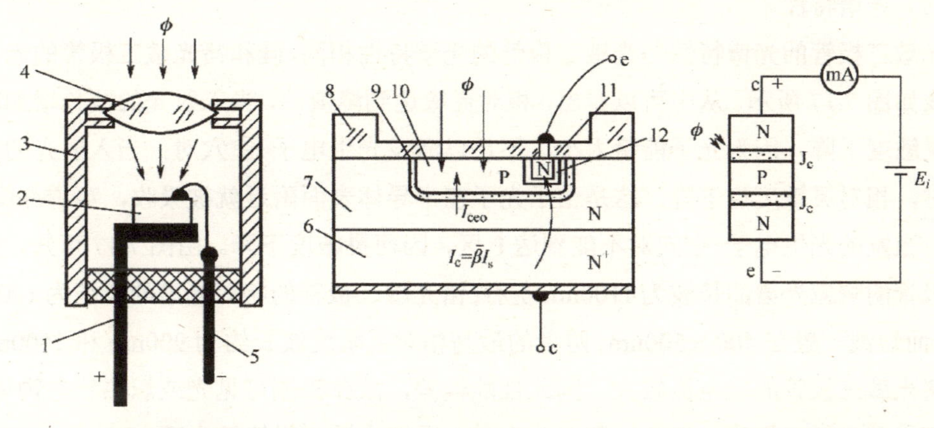

(a) 内部组成　　(b) 管芯结构　　(c) 结构简化图

1—集电极引脚；2—管芯；3—外壳；4—玻璃聚光镜；5—发射极引脚；6—N+衬底；

7—N 型集电区；8—SiO_2 保护圈；9—集电结；10—P 型基区；11—N 型发射区；12—发射结

图 7.15　光敏三极管的结构和工作原理

2）光敏三极管的主要技术特性

（1）伏安特性

伏安特性，是指在给定的光照度下，光敏三极管两端所加电压与光电流的关系。光敏三极管的伏安特性曲线如图 7.16 所示。

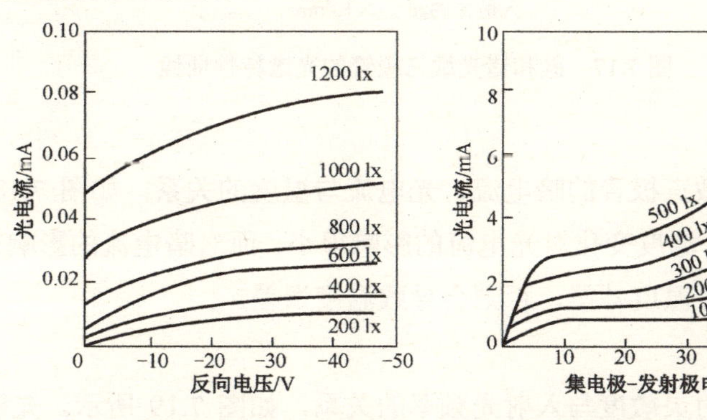

(a) 光电流和反向电压关系曲线　　(b) 光电流和集射电压关系曲线

图 7.16　光敏三极管的伏安特性曲线

（2）光照特性

光照特性，是指光敏三极管的光电流和光照度之间的关系。当光照不太强时，二者之间近似线性关系；当光照足够强（几千勒克斯）时，会出现饱和现象，从而使光敏三极管既可作为线性转换元件，也可作为开关元件。和光敏二极管相比，光敏三极管在同样的光照强度下产生的光电流更大，这是因为三极管具有电流放大作用，因此光敏三极管的灵敏度比光敏二极管的灵敏度更高。

（3）光谱特性

光敏三极管的光谱特性与光敏二极管的光谱特性相同，硅和锗光敏三极管的光谱特性曲线如图 7.17 所示。从中可以看出，相对灵敏达到峰值后，当入射光的波长增加时，相对灵敏度下降，因为光子能量太小，不足以激发光生电子-空穴对；当入射光的波长减小时，相对灵敏度也下降，这是由于光子在半导体表面附近就被吸收，穿透深度小，在表面激发的光生电子-空穴对不能到达 P 区，因而灵敏度下降。由图 7.17 可知，硅光敏三极管的响应光谱的长波为 1100nm 左右；锗光敏三极管的响应光谱的长波为 1900nm 左右，而短波一般在 400～500nm。两者的最高相对灵敏度波长约为 900nm 和 1500nm，因为锗光敏三极管的暗电流较大，因此性能较差，故在探测可见光或炽热状态物体时，一般都用硅光敏三极管，但在探测红外光时，用锗光敏三极管较为适宜。

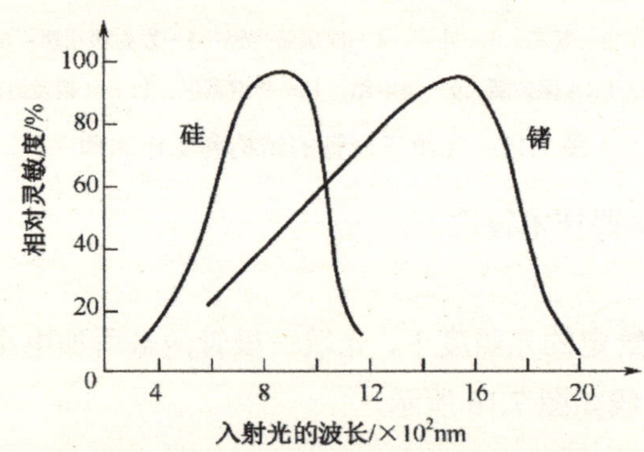

图 7.17　硅和锗光敏三极管的光谱特性曲线

（4）温度特性

温度特性反映光敏三极管的暗电流、光电流与温度的关系，如图 7.18 所示。从温度特性曲线可以看出，温度变化对光电流的影响很小，而对暗电流的影响很大。所以电路中应当对暗电流进行温度补偿，否则会导致温度误差。

（5）频率特性

频率特性是指相对灵敏度与入射光频率的关系，如图 7.19 所示。光敏三极管的频率特性受负载电阻的影响，减小负载电阻值可以提高频率响应。

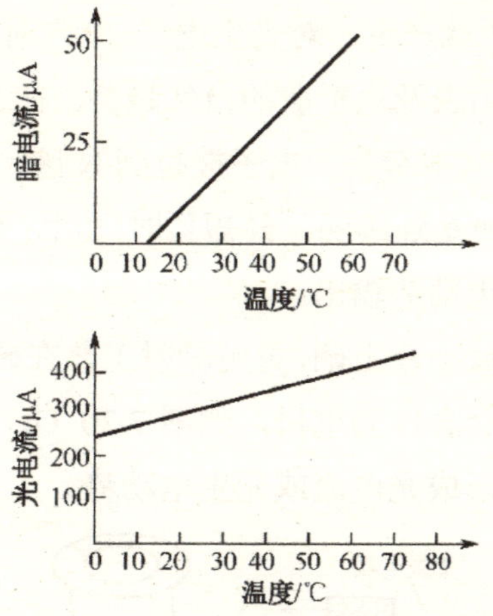

图 7.18　光敏三极管的温度特性曲线

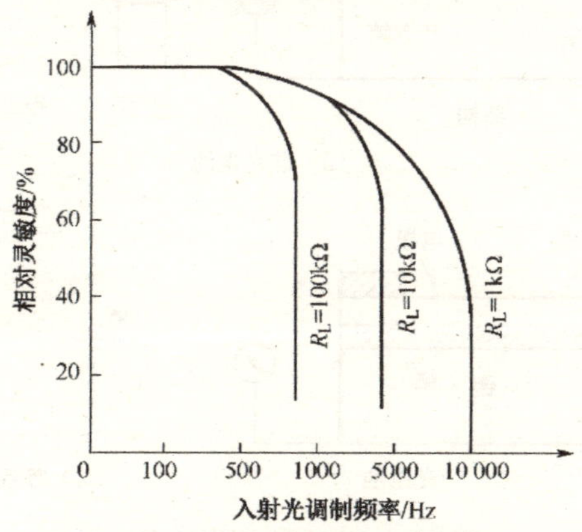

图 7.19　光敏三极的频率特性曲线

光敏三极管和光敏二极管一样应用非常广泛，它们在光电编码器、光电控制、自动化生产、复印机、记录器、条形码读出器、机床安全设施等许多装置上起到"眼睛"的作用，已成为机电一体化不可缺少的元件。

6. 光电池

光电池是在光照下能直接将光量转换为电动势的光电元件，实际上就是电压源。光电池的种类很多，有硒光电池、锗光电池、硅光电池、氧化亚铜光电池、硫化铊光电池、硫化镉光电池、砷化镓光电池等。其中最受重视的是硅光电池和硒光电池。下面着重以这两种光电池为例加以介绍。

1）光电池的结构与工作原理

图 7.20（a）所示为硅光电池的结构、外形及电路符号。硅光电池的结构是在一块 N 型硅片上，用扩散方法掺入一些 P 型杂质（如硼）形成 PN 结，当入射光子的能量 $h\nu$

足够大时，P 区每吸收一个光子就产生一对光生电子-空穴对，光生电子-空穴对的浓度由表面向内部迅速下降，形成由表及里扩散的自然趋势。在 PN 结内电场的作用下，扩散到 PN 结附近的光生电子-空穴对分离，电子被拉到 N 区，空穴则留在 P 区，使 N 区带负电，P 区带正电。如果光照是连续的，经短暂时间后，新的平衡建立，PN 结两侧就有一个稳定的光电流或光生电动势输出。

硒光电池的结构是在铝基底上涂上硒，再用溅射工艺在硒层上形成一层半透明的氧化铬。在正、反两面喷上低熔合金作为电极，如图 7.20（b）所示。在光照下，镉材料带负电，铝材料带正电，从而形成光电流或光生电动势。

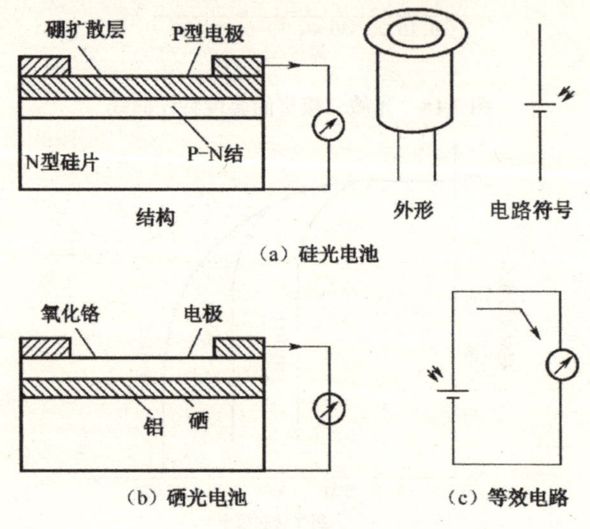

图 7.20　光电池结构示意图

2）光电池的主要特性

（1）光照特性

光电池在不同的光照度下可产生不同的光电流和光生电动势。从如图 7.21（a）所示的曲线中可以看出，短路电流在很大范围内与光照强度呈线性关系。开路电压随光照度的变化是非线性的，并且当光照度到 200lx 时趋于饱和。因此，把光电池作为测量元件时，应把它当作电流源来使用，不宜将它用作电压源。

所谓光电池的短路电流，就是反映负载电阻相对于光电池内阻很小时的光电流，而光电池的内阻是随着光照度的增加而减小的，所以在不同的光照度下可以连接大小不同的负载电阻，使光电池满足近似短路条件。从实验中可知，负载电阻越小，光电流与光照度之间的线性关系越好，且线性范围越宽，对不同的负载电阻，可以在不同的光照度范围内，使光电流与光照度保持线性关系。如图 7.21（b）所示，当负载电阻为 100Ω 时，光照度在 0～1000lx 的光照特性是比较好的，而负载超过 200Ω 后，其线性逐渐变差。因此，应用光电池作测量元件时，所用负载电阻的大小应根据光照度的具体情况而定。总之，负载电阻越小越好。

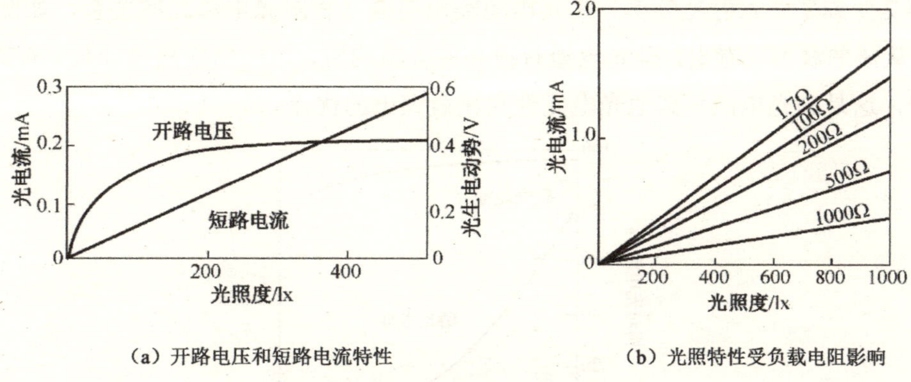

（a）开路电压和短路电流特性　　（b）光照特性受负载电阻影响

图 7.21　硅光电池的光照特性曲线

（2）光谱特性

由于光电池受光照射产生光生电子-空穴对，以及光照消失后光生电子-空穴对的复合，都需要一定时间，所以，当入射光的频率太高时，光电池输出的电流将会下降，如图 7.22 所示，不同光电池的光谱峰值不同。硅光电池的工作频率上限为几万赫兹，其光谱峰值在 800～950nm，光谱范围在 400～1200nm，灵敏度为 6～8nA/（$mm^2 \cdot lx$），响应时间为 10^{-3}～10^{-4}s，转换效率为 6%～12%，使用温度范围为-65～125℃，不稳定性小于 0.02%。

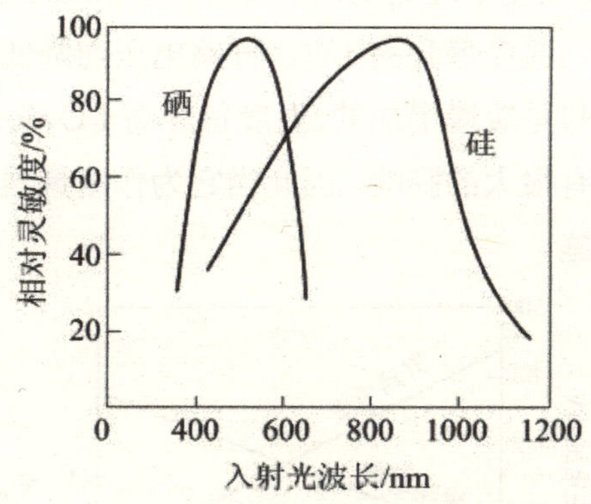

图 7.22　光电池的光谱特性曲线

硒光电池频率特性较差，上限只有几千赫兹，光谱范围为 380～750nm，光谱响应峰值为 560nm，它的等效电容通常为 0.03～0.05μF/cm^2，频率响应较差，范围为 0～6kHz。硒光电池适用于测量可见光，常用于光照度计，但硒光电池面积较大，稳定性和均匀性较差，而且温度对硒光电池的性能和寿命有较大影响。

（3）频率特性

光电池在作为测量、计数、接收元件时，常用交变光照。光电池的频率特性就是反映光的交变频率（入射光频率）和光电池输出电流（相对光电流）的关系，如图 7.23 所示。从该曲线可以看出，硅光电池有很高的频率响应，可应用在高速计数、有声电影等领域，这是硅光电池与其他光电元件相比最突出的优点。

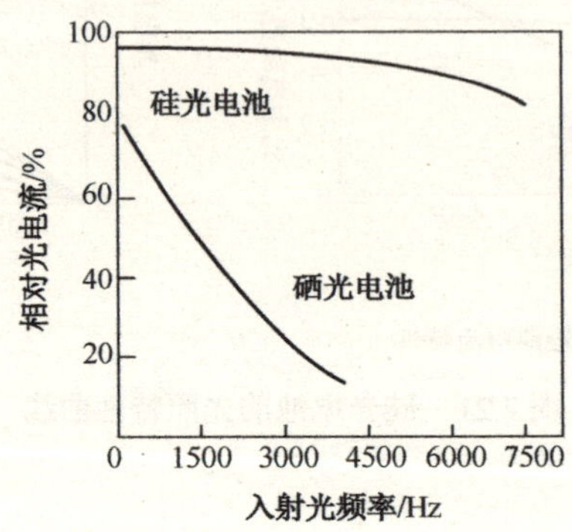

图 7.23　光电池的频率特性曲线

（4）温度特性

光电池的温度特性是指短路电流和开路电压随温度变化的关系，由于它关系到应用光电池的仪器设备的温度漂移，影响到测量精度和控制精度等重要指标，因此，温度特性是光电池的重要特性之一。

图 7.24 为在 1000lx 光照度下硅光电池的温度特性曲线。由该曲线可知，开路电压随温度上升而下降得很快，温度每升高 1℃，开路电压约降低 3mV，这是较大的变化；但短路电流随温度的变化却是缓慢增加的，温度每升高 1℃，短路电流只增加 2×10^{-3}mA。由于温度对光电池的工作有很大的影响，因此当它为作测量器件应用时，最好能保证温度恒定或采取温度补偿措施。

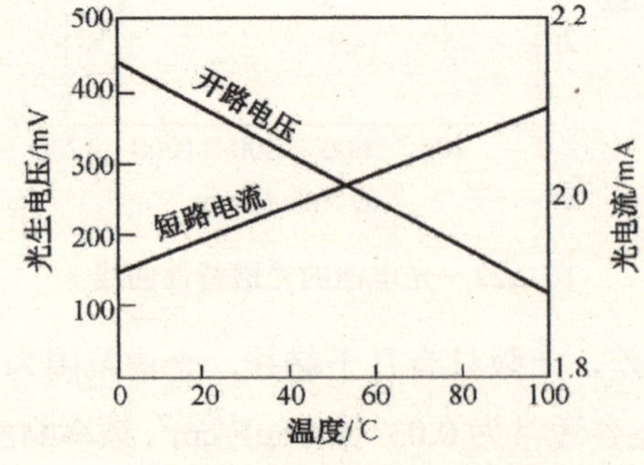

图 7.24　硅光电池的温度特性曲线

7.2　光电式传感器的类型及应用

7.2.1　光电式传感器的类型

光电式传感器是通过把光信号的变化转换成电信号的变化来实现测量的一种装置。在一般情况下，光电式传感器由 3 部分构成：光发射器、光接收器和检测电路。

光发射器是用来对准目标发射光束的装置，即光源，发射的光束一般来源于半导体光源，如发光二极管、激光二极管及红外发射二极管，光束不间断地发射，或者改变脉冲宽度。光源是光电式传感器的一个重要组成部分，大多数光电式传感器都离不开光源，光电式传感器对光源的选择要考虑很多因素，如波长、频谱分布、相干性、体积、造价和功率等。

光接收器由前面所讲的各种光电元件组成，在光接收器的前面一般装有光学元件，如透镜和光圈等。在光接收器的后面是检测电路，它能滤出有效信号并应用该信号。此外，光电式传感器的结构元件中还有发射板和光导纤维。

光电开关是光电式传感器一种，按检测方式分类主要有以下几种类型。

1．槽型光电开关

把一个光发射器和一个光接收器面对面地装在一个槽的两侧，可组成槽型光电开关。光发射器能发射出红外光或可见光，在无遮挡情况下光接收器能接收发射光。但当被检测物体从槽中通过时，光被遮挡，光接收器接收不到发射光，便输出一个开关控制信号，切断或接通负载电流，从而完成一次控制动作。槽型光电开关的检测距离受整体结构的限制一般只有几厘米。

2．对射型光电开关

若把光发射器和光接收器分离，就可使检测距离加大，由一个光发射器和一个光接收器组成对射分离式光电开关，简称对射型光电开关。对射型光电开关的检测距离可达几米乃至几十米，使用对射型光电开关时，把光发射器和光接收器分别装在检测物通过路径的两侧，检测物通过时遮挡光路，光接收器就输出一个开关控制信号。

3．反光板反射型光电开关

把光发射器和光接收器装在同一个装置内，在前方装一块反光板，利用反射原理达到光电控制作用，这种装置被称为反光板反射型光电开关。在正常情况下，光发射器发出的光源被反光板反射回来再被光接收器收到；一旦被检测物遮挡住光路，光接收器收不到光时，光电开关便输出一个开关控制信号。

4．扩散反射型光电开关

扩散反射型光电开关的检测头中也装有一个光发射器和一个光接收器，但前方没有反光板。在正常情况下，光发射器发射出的光光接收器是找不到的。在检测时，当检测物通过时挡住了光，并把光部分反射回来，光接收器就收到光信号，输出一个开关信号。

7.2.2 光电式传感器的应用

光电式传感器具有很多优良特性，如频谱宽、不受电磁干扰影响、非接触式测量、体积小、质量轻、造价低等。特别是 20 世纪 60 年代以来，随着激光、光纤、CCD 技术的发展，光电式传感器技术也得到了飞速发展，广泛地应用于生物、化学、物理和工程技术等领域。

1．光电式传感器的应用形式

光电式传感器是由光源、光学元件和光电元件组成光路系统，再结合相应的测量转换电路而构成的。常用的光源有白炽灯和发光二极管等，常用光学元件有反射镜、透镜和半反半透镜等。

光电式传感器按其输出量不同分为模拟式和脉冲式两大类。模拟式光电传感器基于光电元件的光电流随光通量变化而变化，光通量又随被测非电量的变化而变化，因此光电流就成为被测非电量的函数。影响光电元件接收量的因素可能是光源本身的变化，也可能是光学通路的变化，模拟式光电传感器的形式如图 7.25 所示。

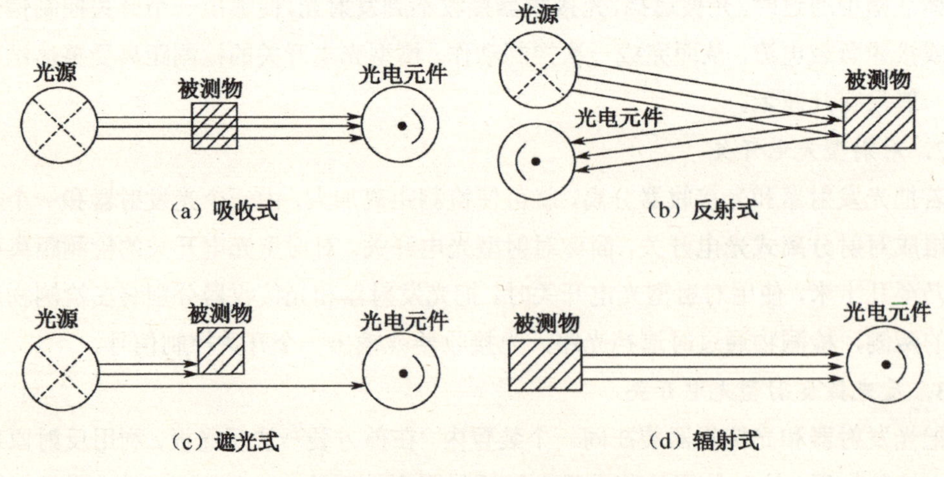

图 7.25　模拟式光电式传感器的形式

如图 7.25（a）所示，恒光源发射出的光穿过被测物，一部分被吸收，另一部分穿透被测物到达光电元件上。可根据被测物对辐射的吸收量或对频谱的选择性来测量液体、气体的透明度或浑浊度，或对气体进行成分分析，或对液体中某种物质含量进行测定等。

如图 7.25（b）所示，恒光源发射出的光先到达被测物，再用光电元件接收从被测物表面反射出来的光。由于反射光通量的多少决定于被测对象的表面性质和状态，因此它可以测量机械加工零件的表面光洁度、表面粗糙度等。

如图 7.25（c）所示，恒光源发射出的光在到达光电元件的路上，受到被测物的遮蔽，因此照射到光电元件上的光通量发生了变化，根据被测对象阻挡光通量的多少来测量被测物的几何尺寸（如长度、厚度等）或运动状态（如线位移、角位移）。

如图 7.25（d）所示，由被测物发出的光通量直接照射到光电元件上，通过测量光能量的强度可知被测物的温度。其应用如光电比色高温计。

2. 反射型光电开关

反射型光电开关分为两种类型：反射镜反射型和被测物漫反射型（简称散射型）。

反射镜反射型光电开关采用较为方便的单侧安装方式，但需要调整反射镜的角度以取得最佳的反射效果。反射镜通常使用三棱镜，它对安装角度的变化不太敏感，有的还采用偏光镜，它能将光源发射出的光转变成偏振光（波动方向严格一致的光）反射回去，提高抗干扰能力。

反射镜反射型光电开关集光发射器和光接收器于一体，与反射镜相对安装、配合使用。反射镜使用偏光三棱镜，能将发射器发射出的光转变成偏振光反射回去，光接收器表面覆盖一层偏光透镜，只能接受反射镜反射回来的偏振光。

光电开关的发光二极管多采用中频（40kHz 左右）窄脉冲电流驱动，从而发射 40kHz 调制光脉冲。相应地，接收光电元件的输出信号经 40kHz 选频交流放大器及专用的解调芯片处理，可以有效地防止太阳光、日光灯的干扰，又可减小发射发光二极管的功耗。

常规反射型光电开关的动作距离是不变的（与型号有关），当检测流水线上的漫反射物体时，必须调节安装距离，十分不方便。自学习型光电开关上设置了一只阈值开关，当流水线上的被检测物体到达光电开关面前时，按下阈值开关数秒，待“学习”指示灯闪亮停止后，内部的微处理器就记住了两者之间的距离，就能在一定的允许范围内可靠地对之后来到的被检测物体做出反应。当流水线上被检测物的品种改变时，只需再次“学习”，而不必调节机械安装螺丝。

对于漫反射型光电开关发射出的光，需要被检测物表面将足够的光反射回接收器，所以检测距离和被检测物体的表面反射率及粗糙程度将决定接收器接收到光强度，被检测物体的表面还应尽量垂直于光电开关的发射光线。

3．光电断续器

光电断续器可分为遮断型和反射型两种。遮断型光电断续器也称为槽型光电开关，通常是标准的 U 形结构，如图 7.26 所示。其发射器和接收器安装在体积很小的同一个塑料壳体中，分别位于 U 形槽的两边，并形成一个光轴，两者能可靠地对准，为安装和使用提供了方便。当被检测物体经过 U 形槽且阻断光轴时，光电开关就产生表示检测到的开关量的信号。槽型光电开关比较可靠，较适合高速检测。

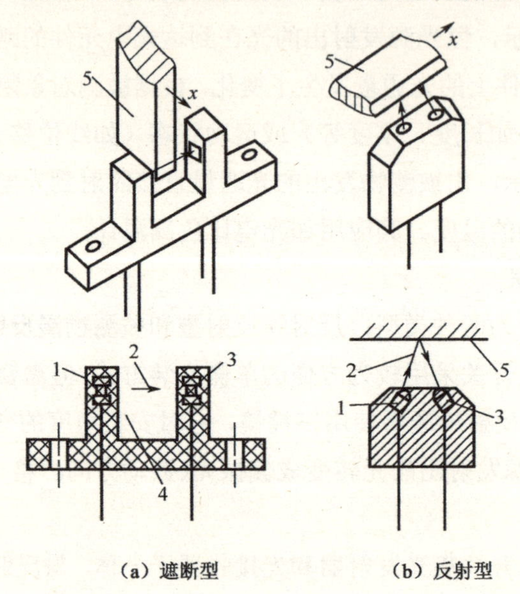

（a）遮断型　　（b）反射型

1—发光二极管；2—红外光；3—光电元器件；4—槽；5—被测物

图 7.26　光电断续器的结构

光电断续器是较便宜、简单、可靠的光电器件，它广泛应用于自动控制系统、生产流水线、机电一体化设备、办公设备和家用电器等领域。例如，在复印机和打印机中用来检测纸的有无；在流水线上检测细小物体的通过及透明物体的暗色标记；检测印刷电路板元件是否漏装及是否有检测物体靠近。光电断续器的应用如图 7.27 所示。

光电断续器的发光二极管可以直接用直流电驱动，也可用 40kHz 尖脉冲电流驱动；红外发光二极管的正向压降为 1.1～1.3V，驱动电流控制在 20mA 以内。

4．光电式转速传感器

光电式转速传感器分为反射式和透射式两种，如图 7.28 所示。

反射式光电转速传感器的工作原理如图 7.28（a）所示。用金属箔或反射纸在被测转轴上贴出一圈黑白相间的反射面，光源发射的光线经透镜、半透膜片和聚焦透镜投射在转轴反射面上，反射光经聚焦透镜汇聚后，照射在光电元件上，产生光电流。被测转轴轴旋转时，黑白相间的反射面会使反射光的强弱发生变化，形成频率与转速及黑白间隔数有关的光脉冲，使光电元件产生相应电脉冲。当黑白间隔数 m 一定时，电脉冲的频率 f 与转速 n 成正比。

透射式光电转速传感器的工作原理如图 7.28（b）所示。固定在被测转轴上的旋转盘的圆周上开有 m 道径向透光的缝隙，不动的指示盘具有和旋转盘相同间距的缝隙，当两盘缝隙重合时，光源发出的光经透镜照射在光电元件上，形成光电流。当旋转盘随被测轴转动时，每转过一条缝隙，光电元件接收的光线就发生一次明暗变化，因而输出一个电脉冲信号。由此产生的电脉冲的频率 f 在缝隙数目 m 确定后与轴的转速 n 成正比。采用这种结构可以大大增加旋转盘上的缝隙数目，使被测轴每转一圈产生的电脉冲数增加，从而提高转速测量精度。

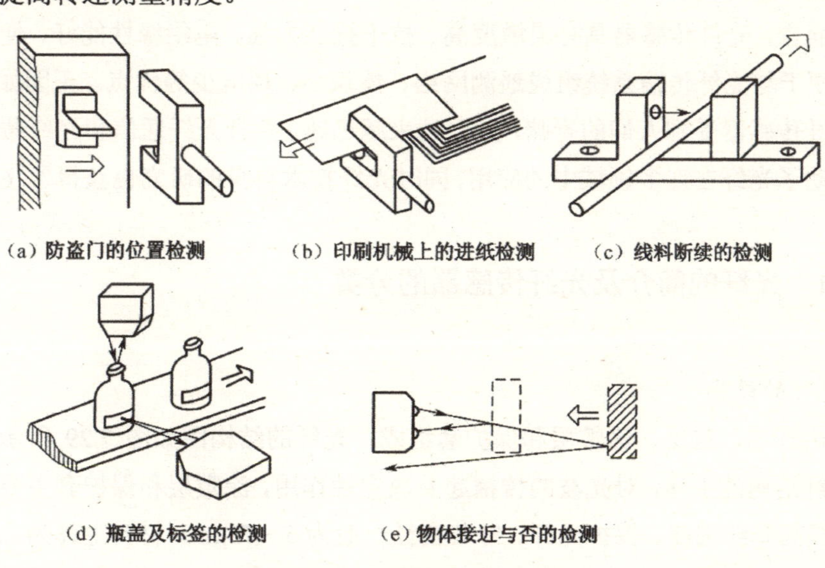

（a）防盗门的位置检测　（b）印刷机械上的进纸检测　（c）线料断续的检测

（d）瓶盖及标签的检测　（e）物体接近与否的检测

图 7.27　光电断续器的应用

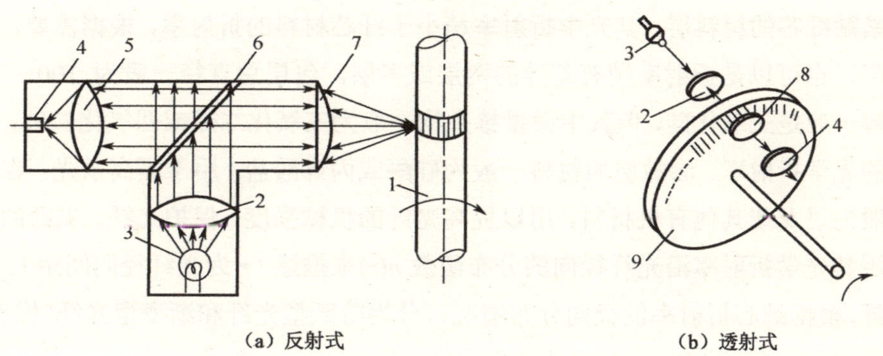

（a）反射式　（b）透射式

1—被测转轴；2—透镜；3—光源；4—光电元件；5—聚焦透镜；6—半透膜片；7—聚焦透镜；8—指示盘；9—旋转盘

图 7.28　光电式转速传感器

7.3 光纤传感器

光纤的全称为光导纤维，它是一种能够传导光波和各种光信号的纤维，是一种新的传输介质。目前，光纤在通信、传感器、激光治疗仪、激光加工机等领域得到了应用，其最主要的应用是光纤通信和光纤传感器。光纤通信就是以光波为载波，以光纤为传输媒质的一种通信方式，相对于无线电通信来说，光纤通信具有传输带宽、通信容量大、中继距离远、抗干扰能力强、无串音、轻便、材料资源丰富、成本低等优点。相对传统的传感器而言，光纤传感器具有灵敏度高、抗干扰能力强、电绝缘性能好、便于与计算机连接、便于与光纤传输系统组成遥测网络、体积小、耗电少等优点。正因如此，光纤通信和光纤传感器受到人们的青睐，发展越来越迅速，并且光纤通信和光纤传感器技术的发展推动了光纤在许多领域中的应用，同时光纤技术自身的研究也获得了飞速的发展。

7.3.1 光纤的简介及光纤传感器的分类

1. 光纤的结构

光纤由纤芯、包层、涂敷层和保护套组成，光纤的结构图如图 7.29 所示。纤芯和包层为光纤结构的主体，对光波的传播起着决定性作用，涂敷层和保护套主要作用是隔离杂光、提高光纤强度、保护光纤。纤芯直径一般为 5～75μm，材料主体为二氧化硅，其中掺杂极微量的其他材料，如二氧化锗、五氧化二磷等，以提高纤芯的光学折射率。包层为紧贴纤芯的材料层，其光学折射率稍小于纤芯材料的折射率，根据需要，包层可以是一层，也可以是折射率稍有差异的两层或多层。包层总直径一般为 100～200μm，包层材料一般是三氧化硅，但其中微量掺杂物一般为三氧化二硼或四氧化二硅，用以降低包层的光学折射率。涂敷层的材料一般为硅酮或丙烯酸盐，用于隔离杂光。保护套的材料一般为尼龙或其他有机材料，用以提高光纤的机械强度，保护光纤。光纤的结构特征一般用其光学折射率沿光纤径向的分布函数 $n(r)$来描述（r 为光纤径向间距）。对于单包层光纤，根据纤芯折射率的径向分布情况可分为阶跃型光纤和渐变型光纤（梯度光纤）。

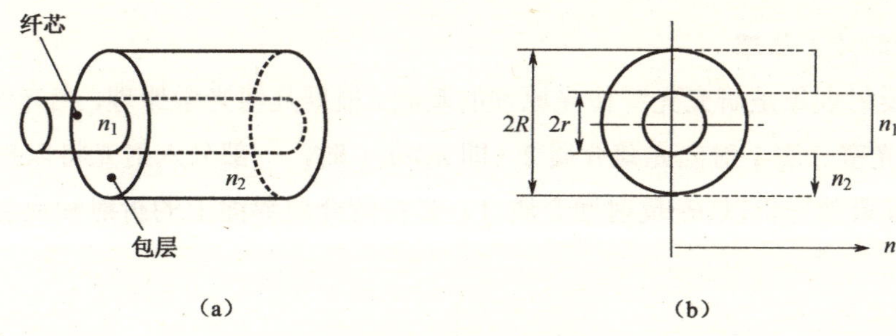

图 7.29　光纤的结构图

2．光纤的分类

光纤按其折射率变化情况可分为阶跃型光纤和渐变型光纤两种类型。

阶跃型光纤：其特点是纤芯折射率 n_1 和包层折射率 n_2 均为常数，两者的折射率是突变的，如图 7.30（a）所示。

渐变型光纤：这类光纤在横截面中心处折射率最大，其值为 n_1，由中心向外逐渐减小，到纤芯边界时变为折射率 n_2。通常折射率变化呈抛物线形式，即在中心轴附近有更陡的折射率梯度，而在接近边缘处折射率减小得非常缓慢，保证传递的光束集中在光纤轴线附近。因为这来光纤有聚焦作用，所以也称自聚焦光纤，如图 7.30（b）所示。

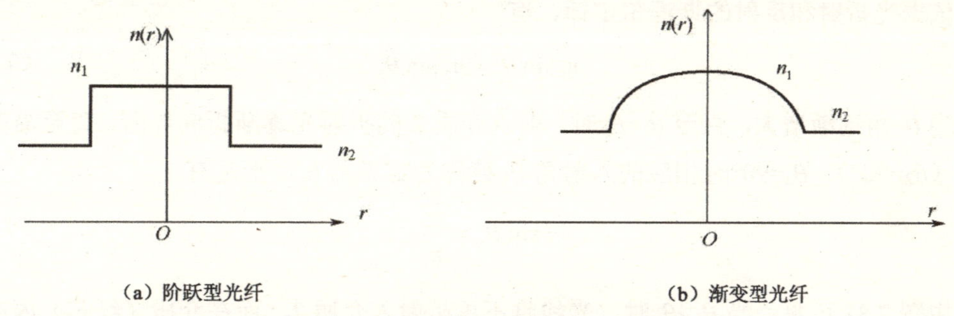

图 7.30　光纤折射率径向分布示意图

光纤按其传输模式多少可分为单模光纤和多模光纤。

单模光纤：通常是指光纤中纤芯尺寸很小一类光纤，通常仅为几微米。单模光纤传输的模式很少，原则上只能传送一种模式的光纤，这类光纤传输性能好，频带很宽，制成的单模传感器较多模传感器有更好的线性、灵敏度和动态测量范围。但单模光纤的纤芯太小，制造、连接和耦合都很困难。

多模光纤：通常是光纤中纤芯尺寸较大一类光纤，大部分为几十微米。多模光纤传输模式很多，光纤性能较差，频带较窄，但其纤芯的截面面积较大，容易制造，连接和耦合比较容易。

3．光纤的传光原理

光的全反射现象是研究光纤传光原理的基础。根据几何光学原理，当光线以较小的入射角 θ_1 由光密介质 1 射向光疏介质 2（即 $n_1>n_2$）时，一部分入射光将以折射角 θ_2 射入介质 2，其余部分仍以 θ_1 反射回介质 1。光在两介质界面上的折射和反射如图 7.31 所示。

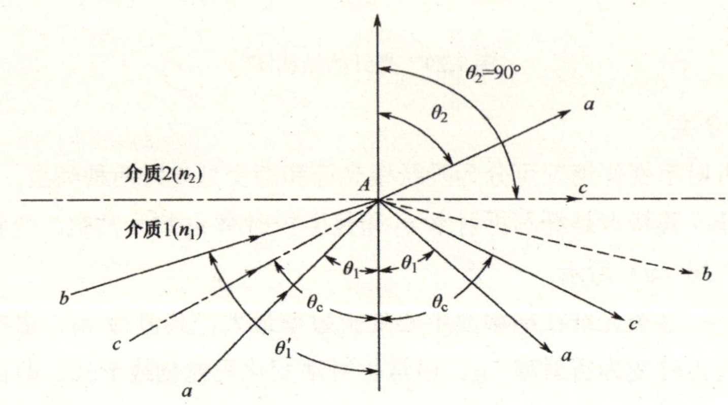

图 7.31　光在两介质界面上的折射和反射

依据光折射和反射的斯涅尔定律，有

$$n_1 \sin\theta_1 = n_2 \sin\theta_2 \tag{7.6}$$

当 θ_1 角逐渐增大，直至 $\theta_1=\theta_c$ 时，射入介质 2 的折射光逐渐折向界面，直至沿界面传播（$\theta_2=90°$）。$\theta_2=90°$时相应的入射角 θ_1 被称为临界角 θ_c，于是有

$$\sin\theta_c = \frac{n_2}{n_1} \tag{7.7}$$

由图 7.31 可见，当 $\theta_1>\theta_c$ 时，光线将不再折射入介质 2，而在介质（纤芯）内产生连续向前的全反射，直至由终端面射出。这就是光纤的传光原理。

同理，由斯涅尔定律可导出光线由折射率为 n_0 的外界介质（空气 $n_0=1$）射入纤芯时实现全反射的临界角为

$$\sin\theta_c = \frac{1}{n_0}\sqrt{n_1^2 - n_2^2} = \mathrm{NA} \tag{7.8}$$

NA 定义为“数值孔径”，它是衡量光纤集光性能的主要参数，表示无论光源发射功率多大，只有 $2\theta_c$ 张角内的光，才能被光纤接受、传播；NA 越大，光纤的集光能力越强。产品光纤通常不给出折射率，而只给出 NA。石英光纤的 NA 为 0.2～0.4。

4．光纤传感器的分类

光纤传感器可分为两大类：传光型光纤传感器和传感型光纤传感器。

传光型光纤传感器，又称非功能型光纤传感器（NF 型光纤传感器），光纤本身不感受被测量变化，而是利用其他敏感元件来感受被测量变化，以实现对传输光的调制。传感器中的光纤只用来传递光信号，并且传递的光信号是不连续的，多数使用多模光纤，如图 7.32 所示。

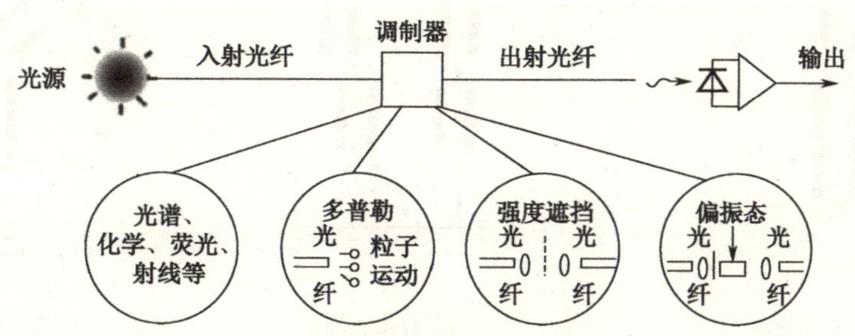

图 7.32　传光型光纤传感器

传感型光纤传感器，又称功能型光纤传感器（FF 型光纤传感器），这种传感器采用对外界信息具有敏感能力和检测功能的光纤作为传感元件，是一种将“传”和“感”合为一体的传感器。传感器中的光纤不仅起传光的作用，同时利用光纤在外界因素（弯曲、相变、偏振）的作用下某些光学特性发生变化，会对输入的光产生某种调制作用，使在光纤内传输的光的强度、相位、偏振态等特性发生变化，从而实现“传”和“感”的功能。因此，传感器中的光纤是连续的，如图 7.33 所示。

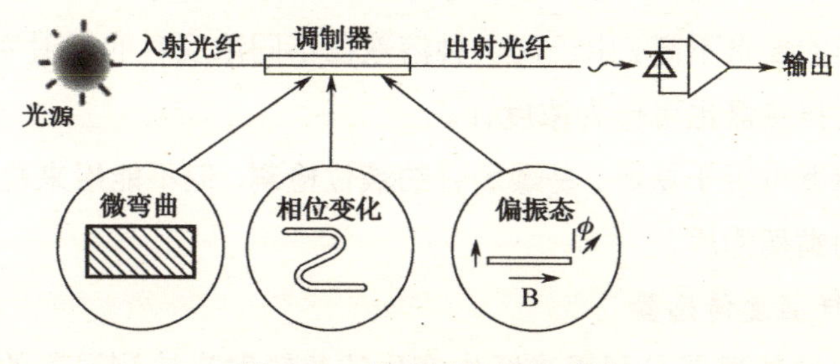

图 7.33　传感型光纤传感器

7.3.2　光纤传感器的应用

1．光纤液位传感器

基于光纤全反射原理制成的光纤液位传感器如图 7.44 所示。它由发光二极管光源、光电二极管和多模光纤等组成。它的结构特点是，在光纤测头端有一个圆锥体反射器，当测头置于空气中，没有接触液面时，光线在圆锥体内发生全反射从而返回到光电二极管中；当测头接触液面时，由于液体中的折射率与空气中的不同，全反射被破坏，将有部分光线透入液体内，使返回光电二极管的光强变弱。返回光的光强是液体折射率的线性函数，返回光的光强发生突变时，表明测头已接触到液体。

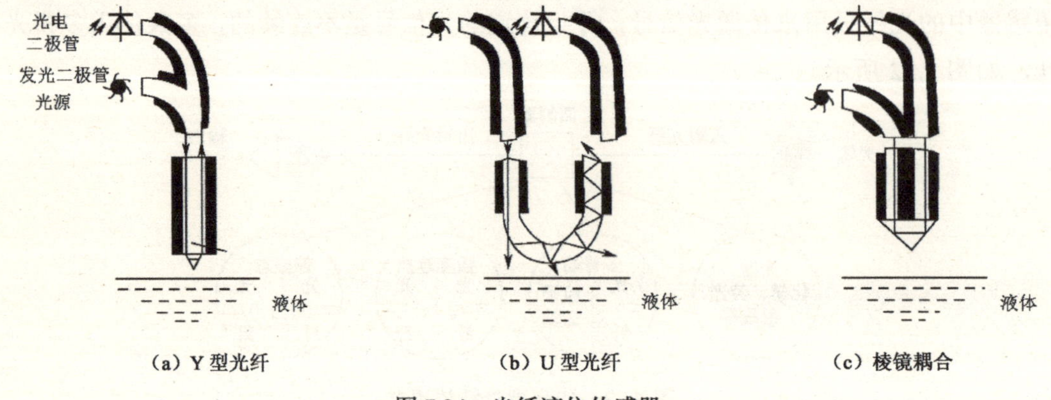

(a) Y 型光纤　(b) U 型光纤　(c) 棱镜耦合

图 7.34　光纤液位传感器

图 7.34（a）所示的 Y 型光纤液体传感器主要是由 Y 型光纤、全反射锥体、发光二极管光源及光电二极管等组成的。

图 7.34（b）所示的 U 型光纤液位传感器采用了 U 型结构的光纤。当测头浸入液体内时，无包层部分的光纤的数值孔径增大，液体起到了包层的作用，接收的光强与液体的折射率和测头弯曲的形状有关。为了避免杂光干扰，光源采用交流调制。

图 7.34（c）中，两根多模光纤由棱镜耦合在一起，它的光调制深度最强，而且对光源和光电接收器的要求不高。由于同一种溶液在不同浓度时的折射率也不同，所以经过标定，这种液位传感器也可作为浓度计。

光纤液位传感器可用于易燃、易爆场合的液位检测，但不能用来检测污浊液体及会黏附在测头表面的黏稠物质。

2. 热辐射光纤温度传感器

热辐射光纤温度传感器是利用光纤内产生的热辐射来检测温度的一种传感器，它是以光纤纤芯中的热点本身所产生的黑体辐射现象为基础工作的。这种传感器类似于传统的高温计，但不是探测来自炽热的不透明物体表面的辐射，而是把光纤本身作为一个温度待测的黑体腔，利用这种方法可确定光纤上任何位置热点的温度。由于它只探测热辐射，故不需要任何光源，这种传感器可以用来监视一些大型电气设备，如电机、变压器等内部热点的变化情况。

3. 反射式光纤位移传感器

反射式光纤位移传感器是一种传光型光纤传感器，其原理图如图 7.35 所示。光纤采用 Y 型结构，两束光纤一端合并在一起组成光纤探头；另一端分为两支，分别作为光源光纤和接收光纤。光从光源耦合到光源光纤，通过光纤传输，射向反射片，再被反射到接收光纤，最后由光电转换器接收，光电转换器接收到的光源与反射体表面性质、反射体到光纤探头距离有关。

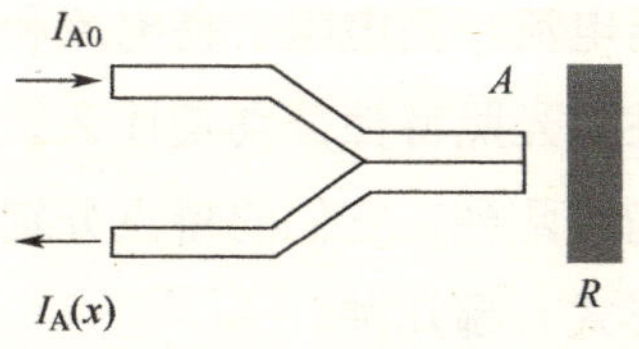

图 7.35　反射式光纤位移传感器原理图

当反射表面的位置确定后，接收到的反射光的光强随光纤探头到反射体距离的变化而变化。显然，当光纤探头紧贴反射片时，接收器接收到的光强为零。随着光纤探头到反射面距离的增加，接收到的光强逐渐增加，到达最大值点后又随两者的距离增加而减小，反射式光纤位移传感器的输出特性曲线如图 7.36 所示，利用这条特性曲线可以通过检测光强得到位移量。反射式光纤位移传感器可实现非接触式测量，具有探头小、响应速度快、测线性化（在小位移范围内）等优点，可在小位移范围内进行高速位移检测。

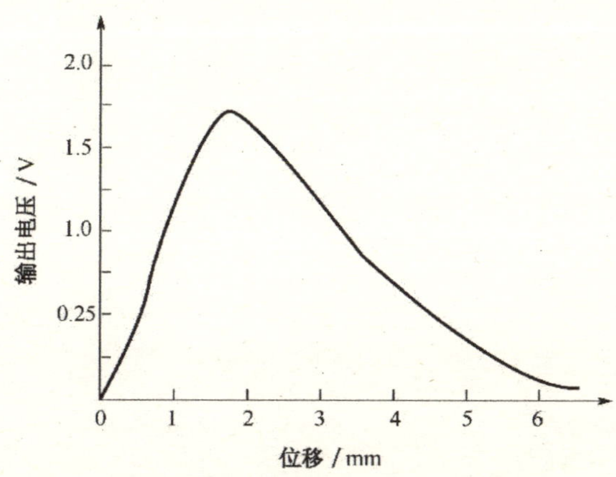

图 7.36　反射式光纤位移传感器的输出特性曲线

思考题与习题 7

1．什么是外光电效应？基于该效应的光电元件有什么？

2. 什么是光电导效应？基于该效应的光电元件有什么？

3. 什么是光生伏特效应？基于该效应的光电元件有什么？

4. 光电管的伏安特性和光照特性分别是什么？

5. 光敏电阻的暗电阻、暗电流、亮电阻、亮电流和光电流的含义分别是什么？

6. 光敏三极管的伏安特性和光照特性分别是什么？

7. 光电池的光照特性分为哪两种？它们的特点分别是什么？

8. 光电式传感器的应用形式有哪几种？

9. 光纤由哪几部分组成？各部分的作用是什么？

10. 光纤传感器分为哪两大类？光纤在它们中的作用分别是什么？

chapter 8

第 8 章　数字式传感器

8.1　光电编码器

光电编码器是一种码盘式角度-数字检测元件，它有两种基本类型：增量式编码器和绝对式编码器。增量式编码器结构简单、价格低、精度较高，在实际中应用较为广泛；绝对式编码器能直接给出对应于每个转角的数字信息，便于计算机进行处理，但当转角大于360°时，要做特别处理，而且必须用减速齿轮将两个以上的编码器连接起来，组成多级检测装置，故其结构复杂、成本高。

8.1.1　增量式编码器

增量式编码器可以由随转轴旋转的码盘产生周期性的电信号，再把这个电信号转换成一系列脉冲，然后根据旋转方向用计数器对这些脉冲进行加减计数，以此来表示转过的角位移量。增量式编码器的工作原理如图 8.1 所示。

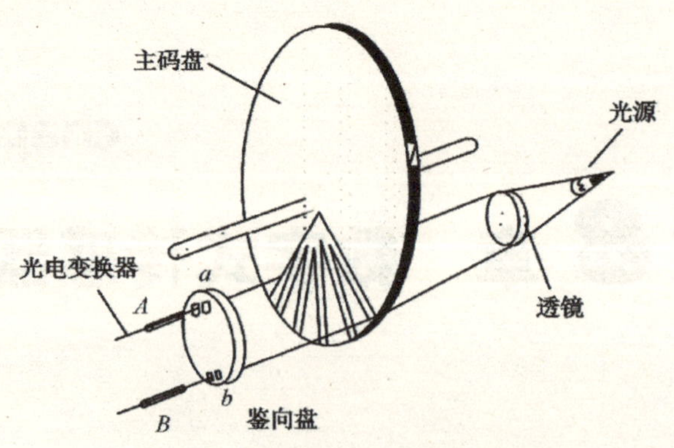

图 8.1　增量式编码器的工作原理

增量式编码器主要由主码盘、鉴向盘、光学系统和光电变换器组成。在圆形的主码盘外围上刻有节距相等的辐射状窄缝，形成均匀分布的透明区和不透明区。鉴向盘与主码盘平行，并刻有 *a*、*b* 两组透明检测窄缝，它们彼此错开 1/4 节距，以使 *A*、*B* 两个光电变换器的输出信号在相位上相差 90°。工作时，鉴向盘静止不动，主码盘与转轴一起转动，光源发出的光投射到主码盘与鉴向盘上。当主码盘上的不透明区正好与鉴向盘上的透明窄缝对齐时，光线全部被遮住，光电变换器的输出电压最小；当主码盘上的透明区正好与鉴向盘上的透明窄缝对齐时，光线全部通过，光电变换器的输出电压最大。主码盘每转过一个刻线周期，光电变换器输出一个近似正弦波的电压，且光电变换器 *A*、*B* 的输出电压相位差为 90°。经逻辑电路处理就可以得出被测轴的相对转角和转动方向。

8.1.2　绝对式编码器

绝对式编码器是把被测转角通过读取码盘上的图案信息直接转换成相应代码的检测元件。编码器的码盘有光电式、接触式和电磁式 3 种类型。

光电式码盘是目前应用较多的一种码盘，它是在透明材料的圆盘上精确地印制上二进制编码。四位二进制码盘如图 8.2 所示，码盘上各圈圆环分别代表一位二进制的数字码道，在同一个码道上印制黑白间隔图案，形成一套编码。黑色不透光区和白色透光区分别代表二进制的“0”和“1”。在一个四位二进制光电码盘上，有四圈数字码道，每一个码道表示二进制的一位，里侧是高位，外侧是低位，在 360°范围内可编码数为 2^4=16 个。

工作时，码盘的一侧放置光源，另一侧放置光电元件，每一个码道都对应一个光电管及放大、整形电路。当码盘转到不同位置时，光电元件接受光信号，并转换成相应的电信号，经放大、整形后，成为相应的数码电信号。但由于受制造和安装精度的影响，当码盘回转在两码段交替过程中时，会产生读数误差。例如，当码盘顺时针方向旋转，由位置“0111”变为“1000”时，这四位数要同时都发生变化，可能将数码误读成 16 种代码中的任意一种，如读成 1111、1011、1101、0001 等，会产生无法估计的数值误差，这种误差叫作非单值性误差。

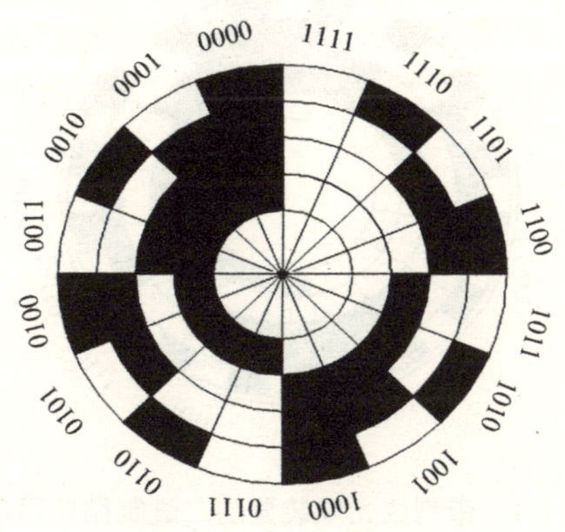

图 8.2 四位二进制码盘

为了消除非单值性误差，可采用以下的方法。

1. 四位二进制循环码盘（或称格雷码盘）

循环码习惯上又称格雷码，它也是一种二进制编码，只有“0”和“1”两个数，四位二进制循环码盘如图 8.3 所示。这种编码的特点是，任意相邻的两个代码间只有一位代码发生变化，即“0”变“1”或“1”变“0”。因此，在两代码变换过程中，所产生的读数误差不超过 1 位，只可能读成相邻两个代码中的一个。所以，它是消除非单值误差的一种有效方法。

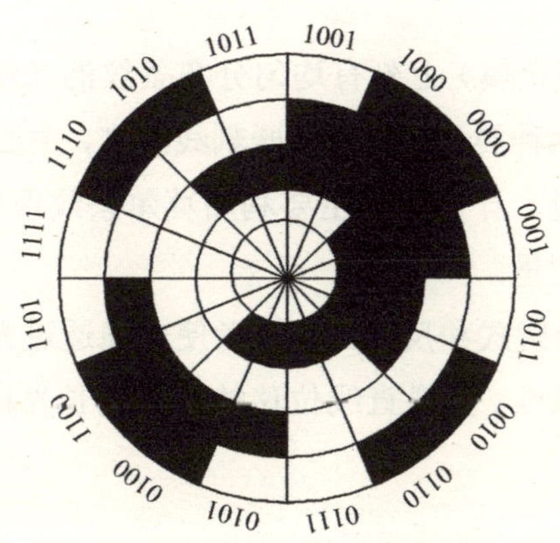

图 8.3 四位二进制循环码盘

2. 带判位光电装置的二进制循环码盘

带判位光电装置的二进制循环码盘是在四位二进制循环码盘的最外圈再增加一圈

信号位，如图 8.4 所示。该码盘最外圈上的信号位的位置正好与状态交线错开，只有当信号位处的光电元件有信号时才读数，这样就不会产生非单值性误差。

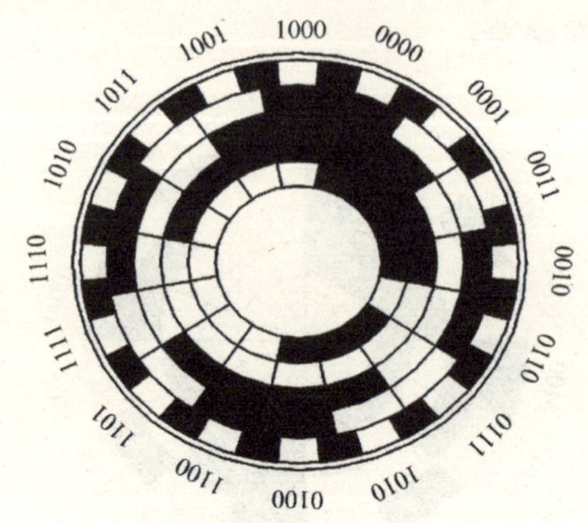

图 8.4　带判位光电装置的二进制循环码盘

8.2　光栅传感器

8.2.1　光栅的类型和结构

1．光栅的类型

光栅是在基体（玻璃或金属）上刻有均匀分布条纹的光学元件。按其原理和用途可分为物理光栅和计量光栅两种类型。物理光栅刻线细密，主要利用光的衍射原理进行光谱分析和光波长等量的测量。计量光栅主要利用莫尔条纹现象实现长度、角度、速度、加速度、振动等物理量的测量。

计量光栅分为两种：透射式和反射式。前者使光线透过光栅后产生明暗条纹，后者反射光线并使之产生明暗条纹。测量直线位移的光栅为长光栅，测量角位移的光栅为圆光栅。

2．光栅的结构

光栅的结构主要包括标尺光栅和指示光栅，它是用真空镀膜的方法在刻画基面（玻璃尺或金属尺或玻璃圆盘）上等间距或不等间距地刻上密集的刻线，使刻线处不透光或不反光，没刻线处透光或反光，形成黑白相间、由细小刻线间隔排列构成的光电器件。

光栅上的刻线被称为栅线，a 为刻线宽度，b 为缝隙宽度，一般取 $a=b$，也可以做成 $a:b=1.1:0.9$，则 $W=a+b$ 为光栅的栅距（a 和 b 也称光栅常数）。栅距又称光栅常数或光栅节距，是光栅的重要参数，用每毫米内的栅线数表示栅线密度，如 100 线/mm、250 线/mm。光栅的结构示意图如图 8.5 所示。

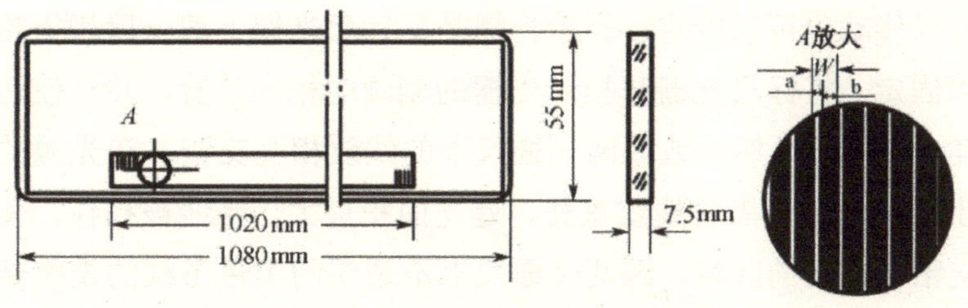

图 8.5 光栅的结构图示意图

反射式光栅和透射式光栅的外形及结构分别如图 8.6 和图 8.7 所示。

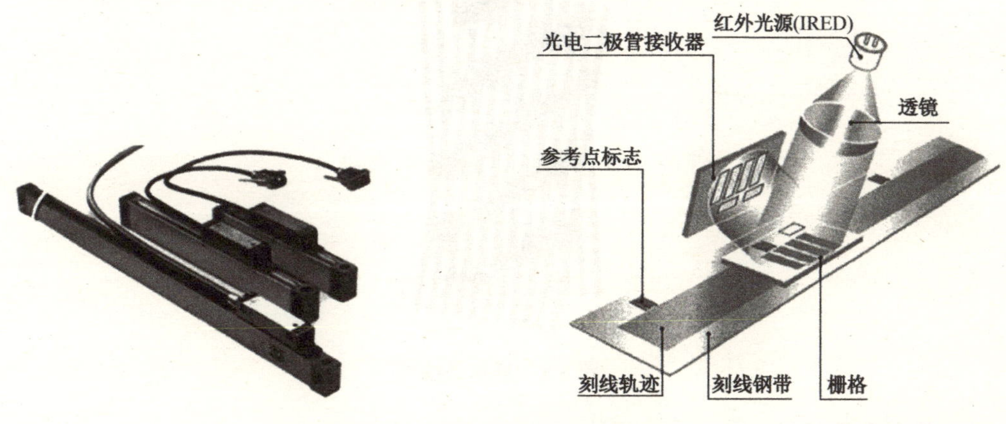

图 8.6 反射式光栅的外形及结构

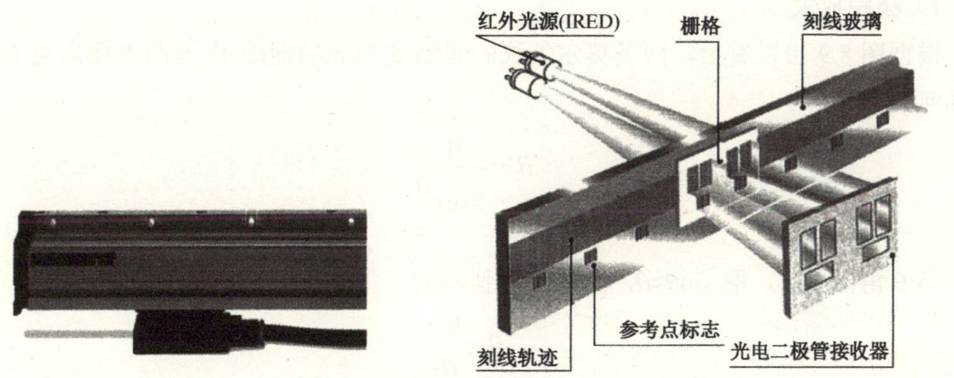

图 8.7 透射式光栅的外形及结构

8.2.2 光栅传感器的工作原理

1. 莫尔条纹

莫尔条纹是由标尺光栅和指示光栅的遮光和透光效应形成的。标尺光栅用于满足测量范围，可以移动也可以固定；指示光栅是从标尺光栅上截一段用于拾取信号，可以移动也可以固定。将标尺光栅与指示光栅的刻画面相向放置，并且使两者栅线有一个很小的夹角 θ，这时必然会造成两光栅尺上的线纹相互交错。在光源的照射下，交错点附近的小区域内由于黑色线纹重叠，遮光面积最大，光线被挡住，使这个区域出现暗带；距交错点较远的区域，因两光栅尺上不透明的黑色条纹的重叠部分变得越来越少，不透明区域面积逐渐变小，即遮光面积逐渐变小，光线不被挡住，使这个区域出现亮带。这些与光栅线纹几乎垂直、相间出现的亮带和暗带，就是莫尔条纹。

图 8.8 莫尔条纹

2. 莫尔条纹的特点

1）栅距放大

根据图 8.9 可以看出，两条莫尔条纹的间距 B 与光栅栅距 W 及两光栅夹角 θ 之间的几何关系为

$$B=\frac{W}{2\sin\frac{\theta}{2}}$$

当 θ 角很小时，取 $\sin\theta\approx\theta$，上式可近似写为

$$B=\frac{W}{\theta}$$

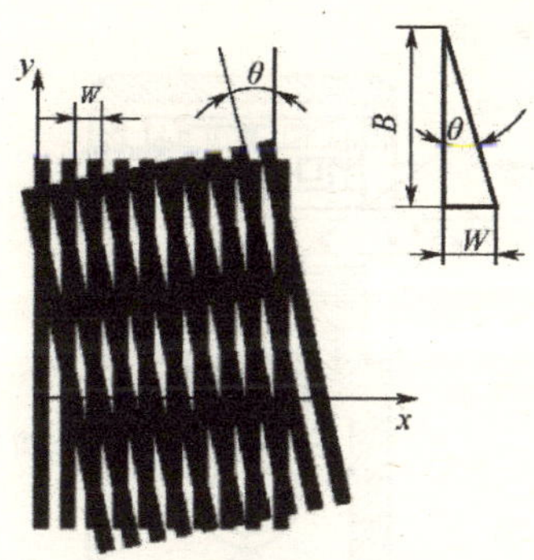

图 8.9　莫尔条纹的栅距放大

若 W=0.01mm，θ=0.01rad，由上式可得 B=1mm。这说明，无须复杂的光学系统和电子系统，仅利用光的干涉现象，就能将光栅的栅距转换成放大 100 倍的莫尔条纹的宽度。这种放大作用是光栅的一个重要特点。

2）运动对应

莫尔条纹的移动量和移动方向与标尺光栅相对于指示光栅的位移量和位移方向有着严格的对应关系。标尺光栅向左或向右运动一个栅距 W 时，莫尔条纹向上或向下移动一个条纹间距 B。当光栅改变运动方向时，莫尔条纹也随之改变运动方向，两者有相互对应的关系。因此，可以通过莫尔条纹的运动方向来判别光栅的运动方向。

3）平均效应

莫尔条纹是光栅的大量栅线共同形成的，故莫尔条纹对光栅个别线纹之间的栅距误差具有平均效应，从而能在很大程度上消除栅距的局部误差及短周期误差的影响。个别栅线的栅距误差或断线及瑕疵对莫尔条纹的影响微小，这是光栅传感器精度高的一个重要原因。

3．光栅数字传感器的工作原理

光栅数字传感器主要由标尺光栅、指示光栅、光路系统和光电元件等组成。利用光栅的莫尔条纹现象，将被测几何量的变化转换为莫尔条纹的变化，再将莫尔条纹的变化经过光电转换系统转换成电信号输出，从而实现精密测量。光栅数字传感器的结构示意图如图 8.10 所示，其工作原理是：标尺光栅的有效长度即为测量范围。必要时，标尺光栅还可延长。标尺光栅和指示光栅相互重叠，两者之间有微小的空隙 d，指示光栅固定，标尺光栅随着被测物体移动，即可实现位移的测量。

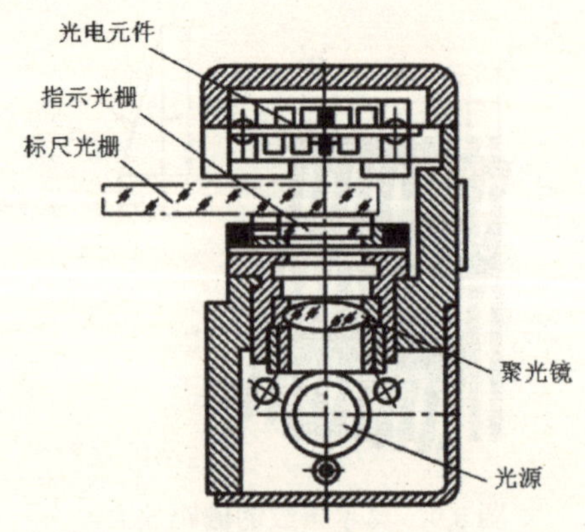

图 8.10　光栅数字传感器的结构示意图

4．光电转换

当两块光栅相对移动时，光电元件上的光强随莫尔条纹的移动而变化：在 a 处，两光栅刻线不重叠，透过的光强最大，光电元件输出的电信号最大。在 c 处，由于光被遮去一半，光强减小。在 d 处，光全被遮去而成全黑，光强为零。若光栅继续移动，透射到光敏元件上的光强又逐渐增大，如图 8.11 所示。

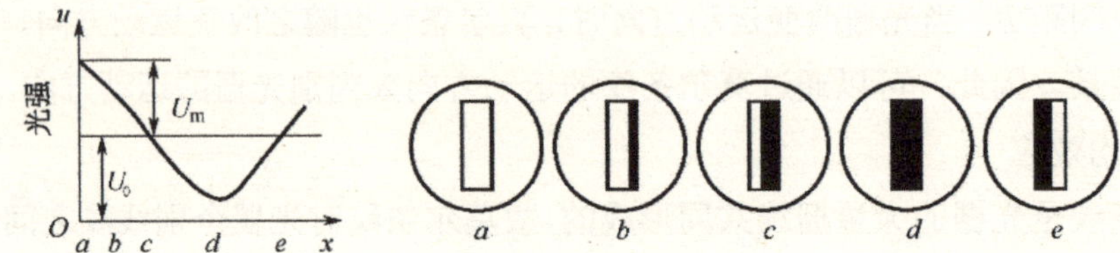

图 8.11　光电转换示意图

若用光电元件接收莫尔条纹移动时的光强变化，则光信号被转换为电信号（电压或电流）输出。当标尺光栅移动一个栅距 W 时，电信号则变化一个周期，光栅输出电压信号的幅值为光栅位移量 x 的函数，即

$$U = U_0 + U_m \sin(2\pi + \frac{2\pi x}{W})$$

式中，U_0——输出信号中的直流分量；

U_m——输出交流信号的幅值；

x——两光栅间的相对位移。

当检测到的光电信号波形与原来的相位和幅值重复时，相当于光栅移动了一个栅距 W，如果光栅相对移动了 N 个栅距，此时位移为

$$x=Nw$$

因此，只要记录移动过的莫尔条纹数 N，就可以知道光栅的位移量 x。计量光栅测量位移的原理图如图 8.12 所示。将该电压信号放大、整形，使其变为方波，经微分电路转换成脉冲信号，再经过辨向电路和可逆计数器计数，即可在显示器上以数字形式实时地显示出位移量的大小。

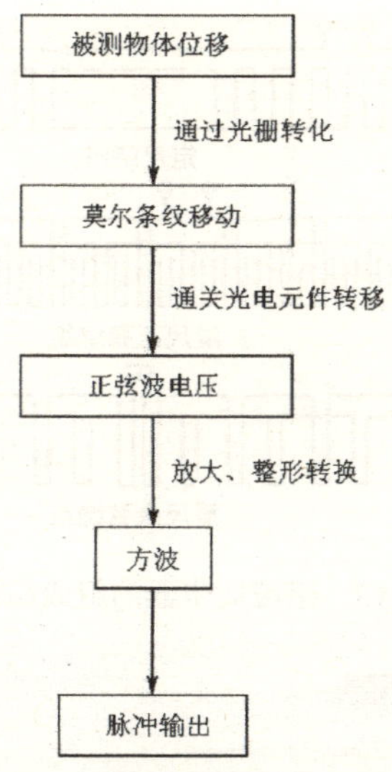

图 8.12 计量光栅测量位移的原理图

8.3 感应同步器

感应同步器是应用电磁感应原理测量直线位移或角位移的传感器，根据被测对象不同可以分为直线感应同步器和圆感应同步器。用来测量直线位移的传感器被称为直线感应同步器，由定尺和滑尺两部分组成；用来测量角位移的传感器被称为圆感应同步器，由转子和定子两部分组成。

8.3.1 感应同步器的基本结构与工作原理

1. 感应同步器的基本结构

直线感应同步器由定尺和滑尺两部分组成，如图 8.13 所示。其制造工艺一般为：首先用绝缘黏结剂把铜箔粘牢在金属基板上，然后按设计要求腐蚀成不同曲折形状的平面绕组，这种绕组一般被称为印制电路绕组。定尺是连续绕组，滑尺则是分段绕组，分段绕组分为两组，布置成在空间相差 90°相角，又称为正弦绕组、余弦绕组。感应同步器的连续绕组和分段绕组相当于变压器的一次侧线圆和二次侧线圈，利用交变电磁场和互感原理来工作。直线型感应同步器的外形及结构如图 8.14 所示。

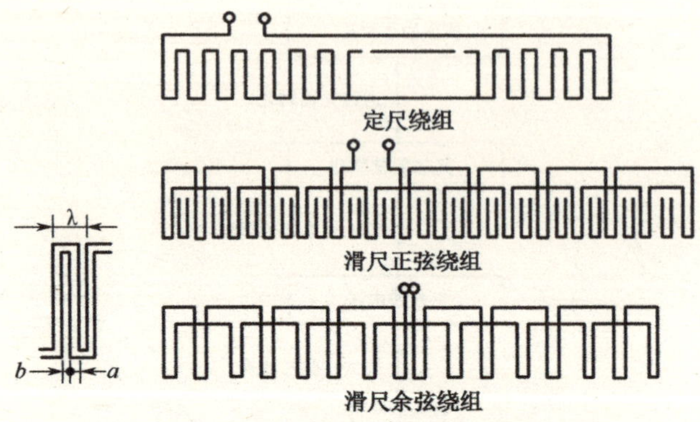

图 8.13　感应同步器的组成结构

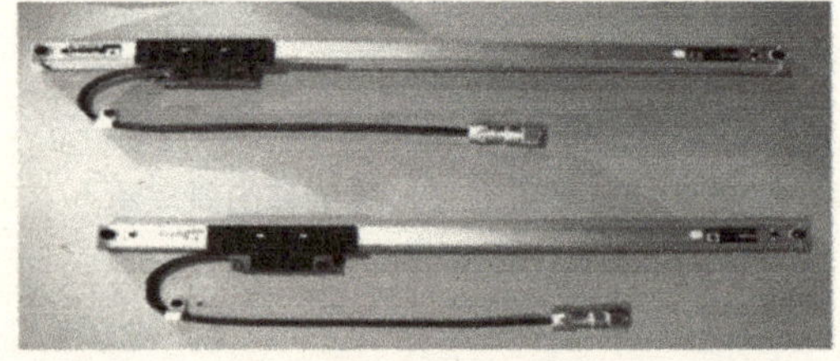

图 8.14　直线型感应同步器的外形及结构

2．感应同步器的工作原理

在定尺或滑尺其中一种绕组上，通以交流激励电压，由于电磁耦合，在另一种绕组上会产生感应电动势，该电动势随定尺与滑尺的相对位置不同而呈正弦函数或余弦函数变化。再对此信号进行处理，便可测量出直线位移量，感应同步器的工作原理图如图 8.15 所示。

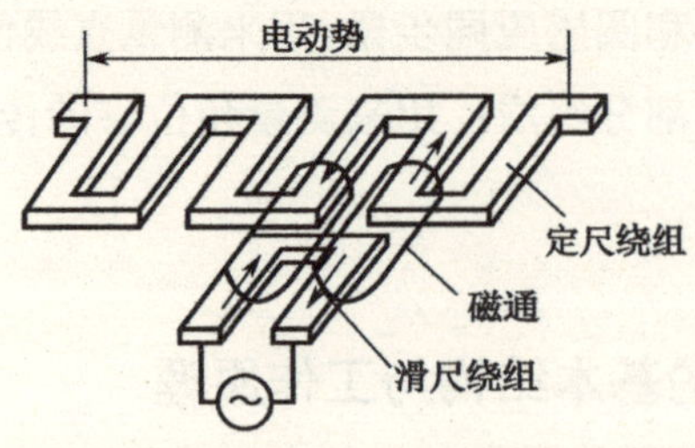

图 8.15　感应同步器的工作原理图

根据电磁感应定律，当在滑尺绕组上加正弦电压时，将产生同频率的交变磁通，这个交变磁通与定尺绕组耦合，在定尺绕组上产生同频率的交变电动势。该电动势的幅值除与励磁频率、感应绕组耦合的导体组、耦合长度、两绕组间隙、励磁电流有关之外，还与两绕组的相对位置有关，如图8.16所示。在图8.16中，定尺连续平面绕组两端通以正弦激磁电压，则当电流由左端流向右端的瞬间，各个单元导线周围将形成封闭的磁力线。线圈S和线圈N分别为滑尺上的正弦绕组和余弦绕组，它们之间的几何距离不变。下面分析由于两线圈相对位置变化而引起滑尺绕组中感应电动势大小的变化情况。

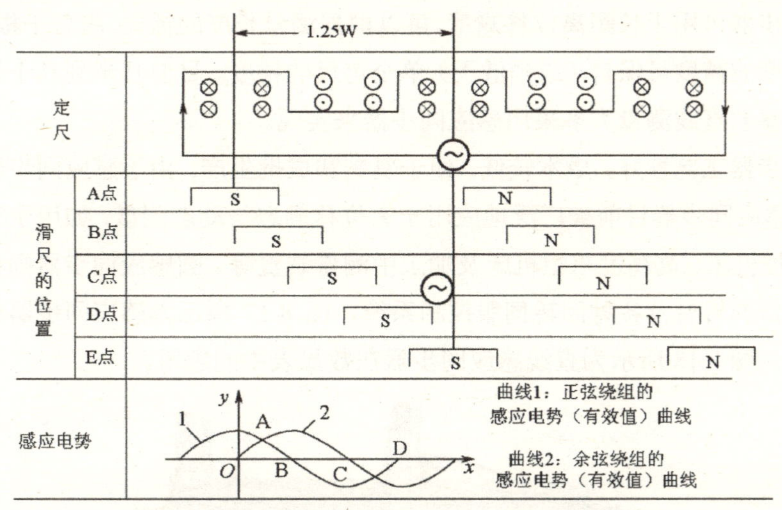

图8.16 感应电势与两绕组相对位置关系

当滑尺的正弦绕组和定尺绕组重合（A点）时，电磁耦合最强，定尺绕组的感应电动势最大，N绕组空间磁通全部抵消，感应电动势为零。继续向右平移滑尺，感应电动势慢慢减小，当滑尺绕组移动到1/4节距（B点）时，S绕组空间磁通全部抵消，感应电动势为零，N绕组感应电动势为反向最大。当滑尺绕组移动到2/4节距（C点）时，S绕组感应电动势为反向最大，N绕组感应电动势为零。当滑尺绕组移动到3/4节距（D点）时，S绕组感应电动势为零，N绕组感应电动势为最大。当滑尺移动到1个节距（E点）时，S绕组感应电动势最大，N绕组感应电动势为零。定尺绕组的感应电动势幅值变化一个周期2π，感应电动势的幅值是位移x的余弦函数，同理，滑尺余弦绕组N的感应电动势大小是位移x的正弦函数。

8.3.2 感应同步器的特点及应用

感应同步器具有较高的精度与分辨力，其测量精度取决于印制电路绕组的加工精度，环境温度变化对其测量精度的影响不大。由于感应同步器由许多节距同时参加工作，多节距的误差平均效应可以减小局部误差的影响。目前，直线感应同步器的精度可达到

±1.5μm，分辨力为 0.05μm，重复性为 0.2μm，其中，测量精度会受到测量方法的限制（传统测量方法的测量精度为 2～5μm）。

感应同步器的抗干扰能力强。感应同步器在一个节距内是一个绝对测量装置，在任何时间内都可以给出仅与位置相对应的单值电压信号，因而瞬时作用的偶然干扰信号在其消失后不再有影响，而且平面绕组的阻抗很小，受外界干扰电场的影响很小。

感应同步器可用于长距离位移测量。可以根据测量长度的需要，将若干根定尺拼接。拼接后总长度的精度可保持（或稍低于）单个定尺的精度。目前几米到几十米的大型机床工作台位移的直线测量大多采用感应同步器来实现。

感应同步器工艺性好，成本较低，便于复制和成批生产。由于感应同步器具有上述优点，直线感应同步器目前被广泛地应用于大位移静态与动态测量，如用于三坐标测量机、程控数控机床、高精度重型机床及加工中测量装置等。圆感应同步器则被广泛地用于机床和仪器的转台及各种回转伺服控制系统。图 8.17 所示为感应同步器在磨床测长系统的应用，图 8.18 所示为直线感应同步器在数显表中的应用。

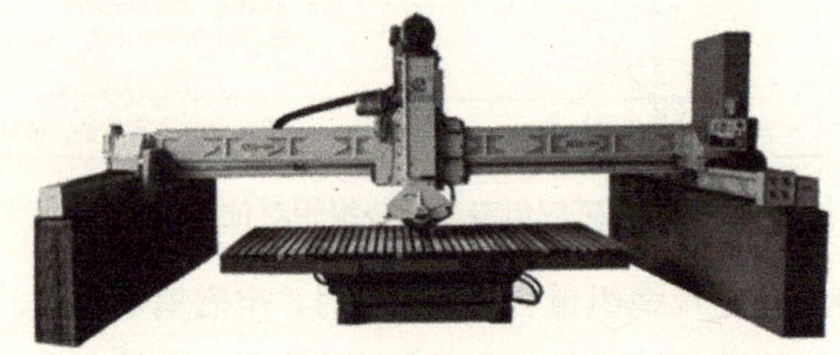

图 8.17　感应同步器在磨床测长系统中的应用

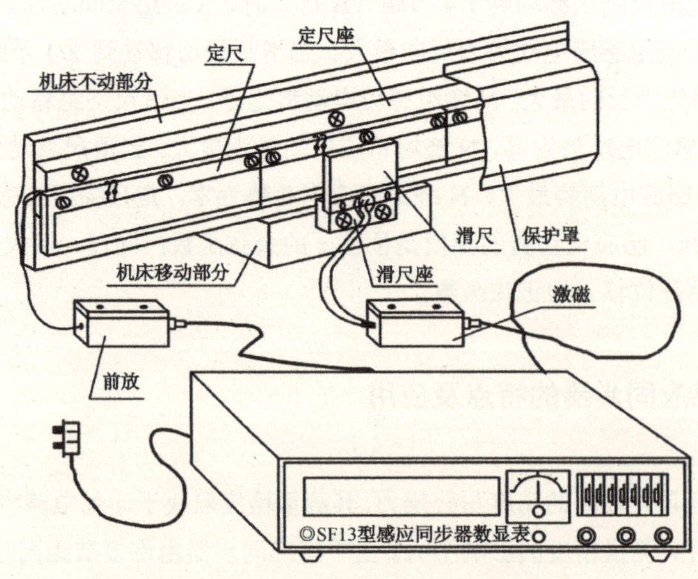

图 8.18　直线感应同步器在数显表中的应用

思考题与习题 8

1. 光电编码器有哪两种基本类型？它们的特点是什么？
2. 格雷码盘的特点是什么？为什么它能消除非单值性误差？
3. 光栅的结构包括哪几部分？它是如何制作的？
4. 光栅的莫尔条纹是如何产生的？
5. 光栅的莫尔条纹有哪些特点？
6. 感应同步器根据被测对象不同可分为哪两种？它们分别是由哪几部分组成的？
7. 应用感应同步器测量直线位移的原理是什么？